JN169429

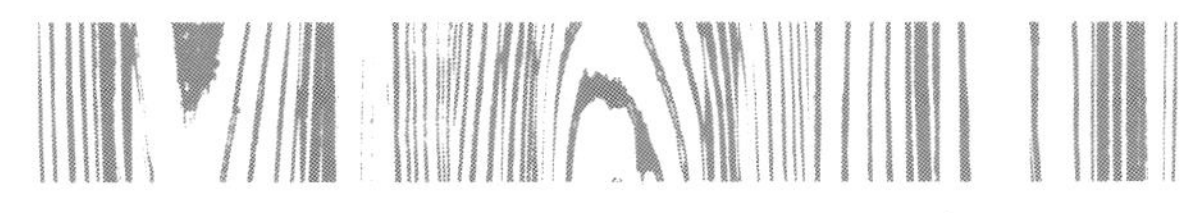

林業がつくる日本の森林

藤森隆郎〈著〉

築地書館

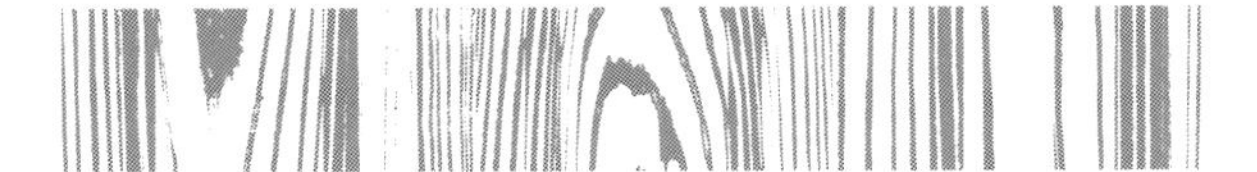

はじめに

私は国立の研究所で「森林生態系に基づく森づくりの研究」に長年従事してきた。若い間は自分の専門分野の研究に専念していたが、やがて自分とその周辺の研究成果が現場にどのように活かされ、社会的にどのような貢献をしているのかに疑問を抱くようになってきた。それはもちろん私自身の能力や努力不足によるところもあるが、森林と林業の現場と研究の世界との間に大きな隔たりがあり、現場と行政との間の隔たりがさらに大きいことが痛感されるようになってきた。そして森林所有者や林業経営者の意欲はどんどん低下し、現場の技術力は低下し、農業の不振とも相まって農山村は過疎化し、持続可能な社会の基盤が失われてきていることに大変な危機感を持つようになってきた。そのために一研究者としてだけでなく、一市民の立場として日本の森林と林業のあり方をいろいろな立場の人たちとともに考えていかなければならないと考えるようになった。それが本書を執筆した理由である。

日本は明治維新から近代国家の道を歩みはじめ、激動の時代を繰り返しながらも著しい経済成長を経て、今日では世界の中でも有数の豊かな国の一つとなっている。だがそれに伴い豊かさの大事な一面を失ってきている。それは日本の自然を活かした一次産業が、二次、三次産業に比べて著しく低い位置に追いやられていることであり、そのことは日本の持続可能な社会を根底から危うくするとともに、日本人の生き様を示す美しい景観や伝統的な文化の崩壊にも連なる。このことは新たな社会理念である「持続可能な循環型社会」の構築に反することであり、それは日本の問題だけではなく、地球環境問題の解決への全人類の道にも反することである。

本書は、私が専門としてきた森林と林業について、その問題点とあるべき姿を考えていく。だがそのためには一次産業の農業や二次、三次産業との関係、そしてそれにより醸し出される生活文化とも結びつけながら見ていかなければならない。すなわち森林・林業のあるべき姿は、日本の国のあるべき姿に照らして考えていかなければならないということである。そしてそれは国際的にもしっかりと主張できる内容のものでなければならない。

持続可能な循環型社会の構築のためには、それぞれの地域の、それぞれの国の自然資源を有効に持続的に活用するしっかりとした理論的根拠と、それを実践する人材の育成とシステムを構築していくことが必要である。それができるか否かは、それぞれの地域の、それぞれの国の底力と文化の程度を問われるものである。日本の国土の67％は森林である。先進国の中でこれだけの森林率を有する国は稀有である。だが現在の我が国の木材生産量（供給量）は、その蓄積のポテンシャルに比べて非常に低く、木材の自給率は2012年現在わずかに28％である。2002年には18％にまで低下した。森林の多い先進国の中でこのようにその資源を活かせていない国は異例である。この問題を捉えることは、林業関係者だけではなく国民全体にとって極めて重要である。

森林はいうまでもなくその生態系の多様な機能（その中で人間社会にとって有用なものを生態系のサービスという）を有し、そのサービスを市民ひとりひとりが享受できるものであり、それなくしては持続可能な社会を維持することはできない。したがって市民ひとりひとりは森林から物質とエネルギーとしての木材などを収穫するとともに、水資源の保全、そしてそれらの基盤となる土壌の保全と生物多様性の保全を調和的に求めていかなければならない。そのような森林の保全と木材などの利用を通して、多くの雇用が生まれ、人々の精神性が高められ、保健文化の向上が図られる。そしてそれらのサービスを市民ひとりひとりがバランス良く享受していけば、それは結果的に気象の緩和、地球温暖化防止にも強く連なる。それらの要求事項がトータルとして調和的に得られるか否かは、持続可能な社会の基盤に関わることであり、それぞれの地域の人々の、ひいては国民の賢さが問われる。その賢さとはどういうものかを本書では考えていきたい。

森林生態系は生産機能と環境保全機能を備えているが、様々な立場の人たちによって、「生産」と「環境保全」に対する要求の度合いに違いがあり、それをどう調和させ、両立させていくかに森林・林業政策の大事さと難しさがある。その政策を正しい方向に導くには、様々な立場の人たちが日常的に森林に親しみ、森林と林業について正しい知識を持ち、持続可能な社会の構築に向けて皆で議論していかなければならない。そのためにはまず森林生態系の機能を正しく知り、社会的正当性に照らして、それらを調和的に発揮させていくにはどうしたらよいかを市民ひとりひとりが考えていかなければならない。そしてそれを議論していくと、必ずそれを誰がどのようにやっていくのかという、林業の担い手、現場の技術・技能者、行政担当者、研究者などのあり方と、それらを繋ぐシステムへの言及が不可欠となる。そしてさらにそれは関連する地域の産業や地域の住民、国民との関係の重要性が問われることになる。日本の森林と林業の現状を改善し、持続可能な循環型社会を構築していくためには、このような視点から考察を進めていかなければならない。

先に持続可能な社会の構築のためには、それぞれの地域の自然を活かした循環型社会が基本になければならないことを述べたが、森林は日本の自然資源の中で、その気になれば恐らく自給率100%に近づけられる唯一の資源ではないかと考えられる。それは日本人の知恵と努力にかかわることであり、社会全体で考えていかなければならないことである。我々はどのような社会を構築していくのかのビジョンを描く時に、その循環型社会の中に森林生態系の力がいかに大事かを認識し、森林の適切な管理経営のあり方を考えていかなければならない。言い換えれば、豊かな日本列島の自然の恵みをていねいに引き出す賢さである。それは自然の力と相談しながら実践していく極めて創造的な活動であり、そのことは日本の技術力や文化の向上の基盤を築いていくことに強く連なるはずである。

私が森林・林業に関する仕事についてから50年以上になるが、その間に日本でどれだけの森林管理と林業経営に関する進歩の蓄積があったかは大きな疑問である。それは材価の低迷でやむを得ないことだという見方をする人たちもいる。しかしドイツをはじめとするヨーロッパ諸国や森林を有する多くの先進国では、同じような条件の中で林業を成り立たせ、生産と環境を調和させているところが多い。それらの国では、林業に対して長い時間の管理コストと環境を含めた森林生態系としての評価、すなわち外部経済からのアプローチを働かせているのである。我々はそういう国々に大いに学ばなければならない。

日本は工業力において世界有数の地位を築いてきたが、その空洞化が言われて久しい。都市中心の経済原理に傾き、一次産業を犠牲にしてきた結果、一次産業も二次産業も失いつつある。日本人の祖先である縄文人は1万年以上にわたり森林と草地の中での持続可能な社会を築いてきたが、そのように長く続いた文化は世界にないといわれている。我々日本人はそういう知恵を引き継いでいるのだということを忘れず、新たな時代に向けてそのような文化の素地を活かしていかなければならない。

本書は上述したような大きな社会問題の中で、持続可能な循環型社会の構築のために、雇用の再生のために、美しい農山村の再生のために、日本の木材自給率を100%に近づけていくためにどうしたらよいのか、そして森林の多様なサービスを市民、国民がどのように受けられるようにしていけばよいかを考えていくものである。

本書の出版のために終始お世話になった、築地書館の土井二郎氏に心からお礼申し上げる。

藤森隆郎

2016年7月

林業がつくる日本の森林　目次

第2部　問題を解決するために必要なことは何か

第3部 新たな森林管理のために必要なこと

第4部　豊かな日本の農山村と社会を目指して

第１部

日本の森林・林業の現状と問題点

1　何を問題として問うのか

我々が求めるべき社会は「持続可能な循環型社会」である。「持続可能な」ということは、次世代以降の人たちに不都合が及ばないことを前提に、それぞれの時代の人たちが資源やインフラなどを適正に活用し、人類の福祉を求めて歩んでいくということである。持続可能であるためには生態系に順応した循環型社会を目指さなければならない。いま人類が招いている大きな危機は、地球環境問題であり、わけても地球温暖化の問題である。地球温暖化の問題の最大の原因は、現在の生態系の中では循環していない化石物質である石油や石炭を大量に掘り出してきて濫用し、その結果として温室効果ガスである二酸化炭素が大気中に増え続けていることである。それとともに、地球上の炭素の貯蔵庫の一つであり、地球規模の炭素循環に大きな役割を果たしている森林が、人間活動の拡大とともに減少、劣化してきていることもある。

健全な森林はそれぞれの地域の気象緩和、水資源の保全、土壌保全、生物多様性の保全にとって不可欠なものである。水資源の保全は農業、工業、人々の日常生活に不可欠である。そして持続可能な森林管理の下に生産された循環型物質である木材を適切に利用すること、すなわち構造用材、パルプ材、エネルギー材などとして適切に利用することは循環型社会の構築にとって極めて重要である。森林資源は再生産可能な無限の資源である。そのために再生産力を落とさない持続可能な森林管理が基本的に重要だということになり、世界有数の森林国である日本においては特にそうである。それに真剣に取り組めば、これほど素晴らしい生産体系はない。「持続可能な森林管理」とはどういうものかは第２部で詳しく述べるが、ここではとりあえず「生産と環境の調和した森林管理」としておく。

これも第２部（第１部の10章でも）で詳しく説明するが、地球環境問題は地球生態系の問題であり、地球生態系はそれぞれの地域の生態系の集まったものである。だから地球環境問題の解決への道は、それぞれの地域の生態系にできるだけ沿った生活様式と産業様式を心がけることにある。したがって陸上の最大の自然資源が森林である日本においては、それぞれの地域において森林といかにうまく付き合っていくかは極めて重要なことであり、それは日本の国のあり方を問うものだということになる。それぞれの地域の持続可能な森林管理のために技術力を増し、地域の雇用を高めていくことは日本経済のためにも、環境保全のためにも、保健文化のためにも大事なことである。そのためには木材利用の文化の再興が不可欠である。これらは市民ひとりひとりで考えていかなければならないことである。第１部ではこのようなことに対して現在の問題点は何かを検討していく。

2　木材生産量は減り続け、人工林は劣化している

日本の林業は1970年代から不振に陥り、戦後大量に造成された人工林の多くは放置され続けており、このままでは林業経営の基盤は崩壊し、環境保全的にも大きな問題を引き起こす。否、すでにそれは始まっている。そのような実態を示す公の調査資料がないことが問題であるが、全国各地の森林を調査している人たちの話を聞くと日本の人工林の7割近くは手入れされずに放置されているか、それに近い不健全な森林だということである。私も全国を見てそれは間違っていないと思う。そこでまずこのような状態に至った経過をたどってみよう。

第二次大戦中は過伐が進み、兵役のために労力が欠乏して伐採跡地は放置されたままのところが多かった。そういう状況に戦後の住宅復旧などの資材、薪、炭の需要が増大し、さらに1960年頃からの高度経済成長に伴い木材需要は増大し続け、それによる木材価格の高騰が日本経済の泣き所となった。そのために人工林は若くても伐られ、天然林や天然生林（コラム1参照）は過剰に伐採され、その跡に人工林が拡大していった。この時期に天然林や天然生林を伐って人工林にしていった政策を拡大造林政策（以下、拡大造林と呼ぶ）という。拡大造林は国策としてものすごい勢いで推し進められ、人工林の面積は1970年代までの20年間でそれまでの2倍に増

図表１　拡大造林で造成されたスギの人工林（秋田県）
広葉樹主体の天然林や天然生林が皆伐され、全面に単純なスギの人工林が造成されたものである。こういう光景が全国に広まった。

えた。その結果、日本の全森林面積に対する人工林の面積率は40％に達し、日本の全国土の27％を人工林が占めるようになった。景観的に見ると、１年中同じ表情の黒い針葉樹林（カラマツ林を除く）が増えてしまったという印象が強い。

この人工林が成長し、蓄積が高まり、大量の材が収穫可能になり出す１９９０年代以降、日本の木材供給量（生産量）は増大していくはずであった。だがそうではなく我が国の木材生産量は逆に低下し続け、図表２に示したように１９６０年頃からの半世紀の間に木材生産量は３分の１にまで縮小した。それに対してヨーロッパの多くの国ではその間に持続的な森林管理により、木材生産量は２倍以上に増えている。その原因を真剣に考える必要がある。日本の木材生産量がこのように落ちたのには、図表3に見られるように1980年代以降の材価の下落が大きな要因としてあげられている。だが材価は国際経済市場において他国も同じ条件下にあるので、日本の林業の不振を材価にのみ帰すことはできない。国際的な材価は、一貫して図表3のカラマツの材価に近い線で推移してきている。日本の林業の不振の原因は材価が大きいとしても、それだけでなく様々な角度から見ていく必要がある。「木材の自給率」についても見ておく必要がある。日本の木材自給率は図表2に示したように2012年現在わずかに28%であり、その後もほとんど変わっていない。これは同じ森林に恵まれた先進国の中では異常に低い数値である。2000年代の日本の森林の毎年の材積成長量は8000万m³ぐらいと推定されている。それに対して毎年の木材需要量は2012年現在約7000m³とされており、計算の上では日本の木材需要は国産材で賄えるはずである。少なくとも自給率を高められるポテンシャルは高いはずである。なぜ日本の木材自給率がこのように低いのか、その原因を見ていく必要がある。

終戦後の1950年代まで林野庁は森林資源の保続政策を重視し、森林の年間成長量を超えない範囲で毎年の収穫を図っていくことを旨としていた。これは林業政策として正しいものであるが、経済界や政界の強い圧力の前にそれは崩された。その頃の大新聞の社説は毎年こぞって林野

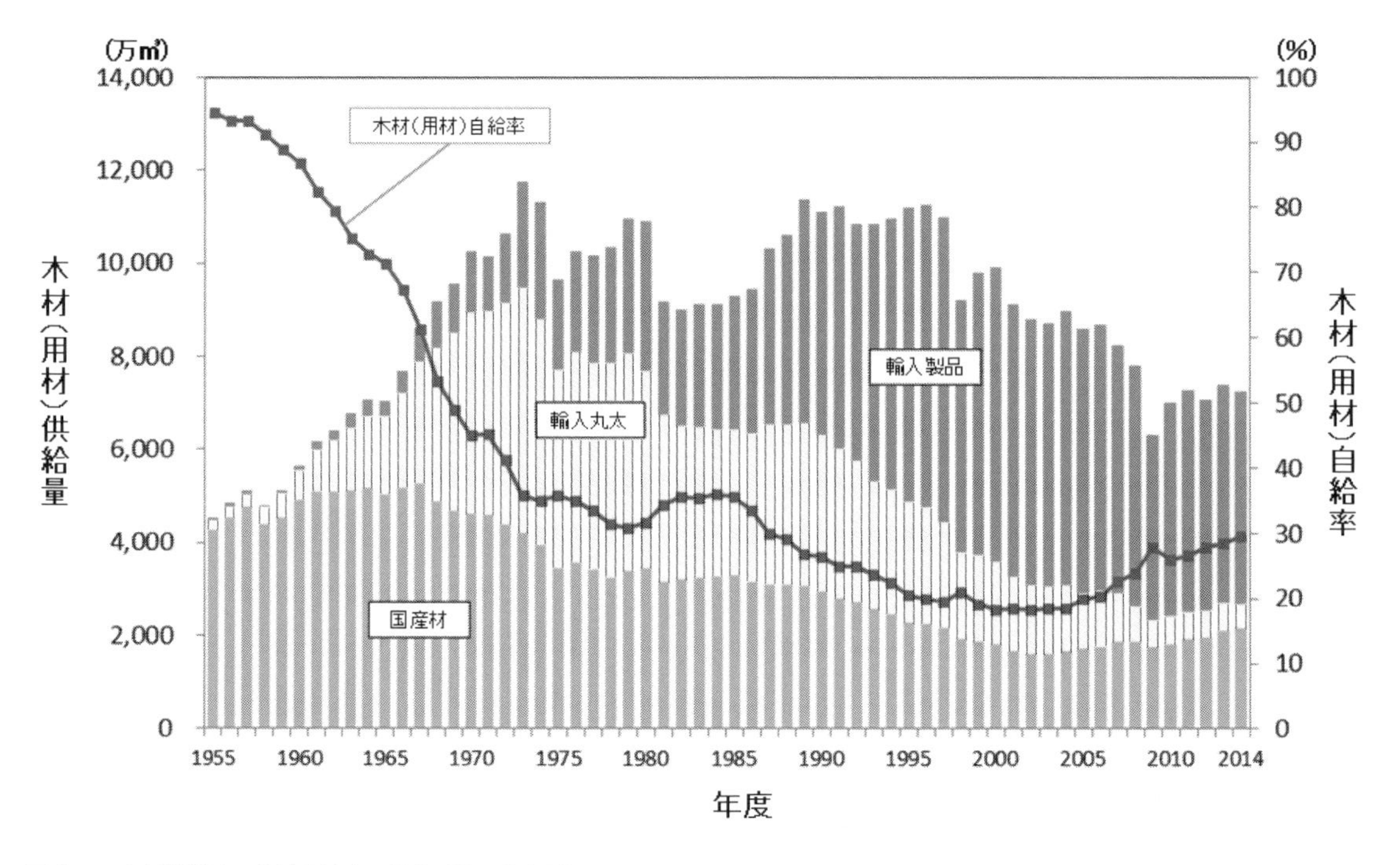

図表２　木材供給量と木材自給率の推移（林野庁資料）

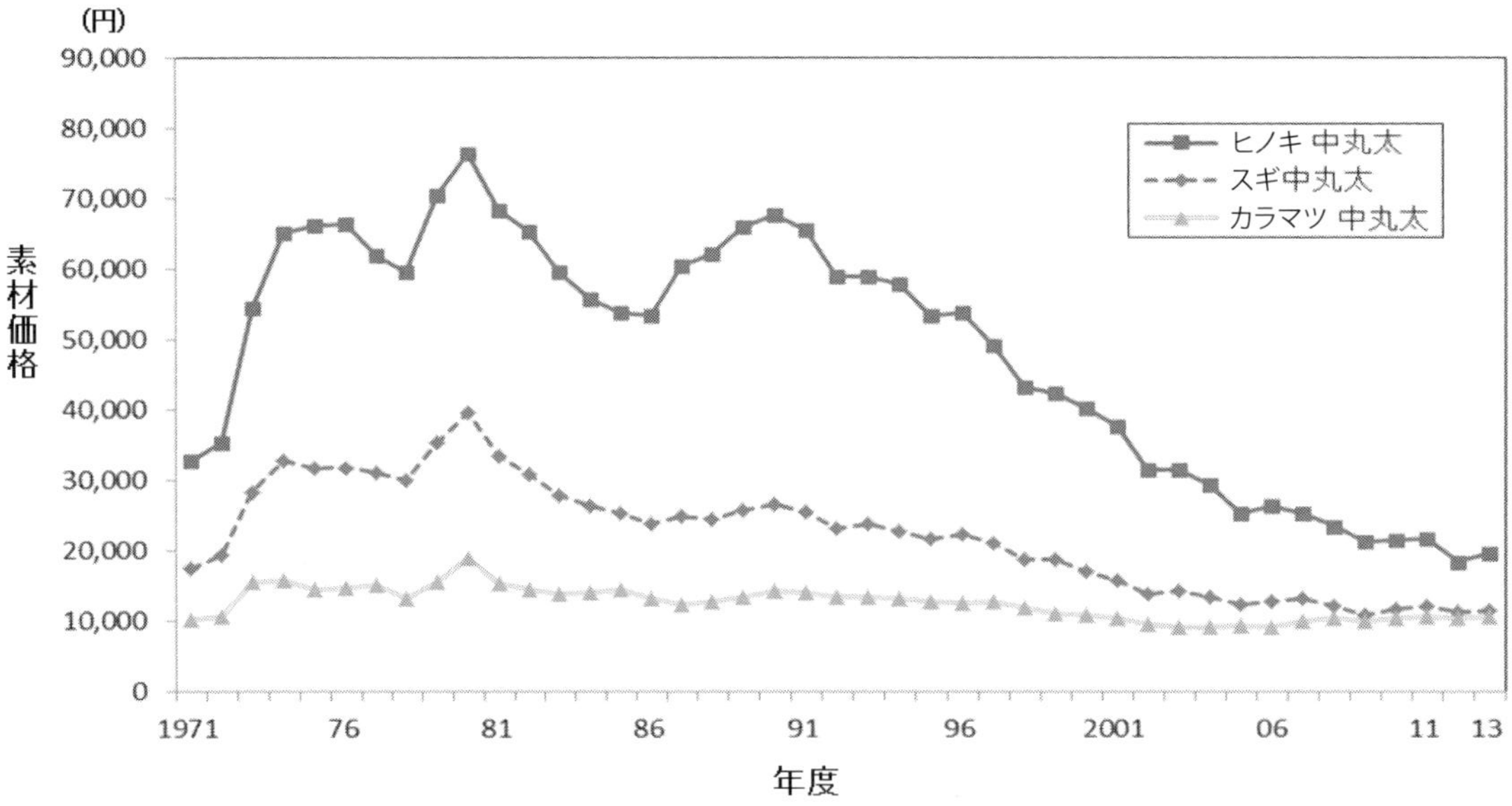

図表3　国産主要樹種の素材価格の推移（林野庁資料）

図表４　ブナを主体とする広葉樹の天然林（白神山地）
このように豊かな天然林の多くが拡大造林で消えていった。

庁の保続政策を批判し、奥地林の開発を含む増伐のキャンペーンを続けた。そのような情勢の中で大面積の皆伐が広がり、国内の森林の年間成長量の２倍まで伐られるようになった。これは森林という生産設備を丸ごと売り払ってしまうようなまずいやり方であり、持続可能な森林管理に反するものである。大面積皆伐は環境保全的にマイナスが大きかったし、伐りすぎの結果として１９７０年代には伐れるサイズの木が欠乏してきた。大新聞の社説は奥地の森林を「暗黒の森林」と表現していたが、実はこうした拡大造林によって失われた森林こそが明るく美しい広葉樹主体の森林だったのだ。それらの多くは保護すべき原生的な美しい天然林であり、生物多様性や水源涵養機能などの高い森林であった。

日本の木材価格の高騰を防ぐために、1950年代から1960年代にかけて国内の森林の過剰伐採を行うとともに、1961年には丸太の輸入完全自由化をはじめ木材関連の関税をほぼ撤廃した（以後これを木材輸入の自由化と呼ぶ）。それにより安い外材が流入し、木材輸入の自由化の前には自給率が90％以上であったものが、木材輸入の自由化後10年もたたないうちに自給率は早くも50％を割るようになり、その頃から日本林業の低落が始まった。この安い外材の中には熱帯雨林の天然林の大面積皆伐によるものが多く含まれており、原産地の環境保全の破壊とともに地球環境保全にも大きな負荷を与えるものであった。

1950年代と1960年代をピークに植えられた針葉樹人工林は1990年代から収穫できるサイズに達し、国産材時代になるはずであった。だがその頃になると日本の林業は一層不振に陥り、木材生産量も国産材率も減少の一途をたどってきた。それは外材や代替材の攻勢、急変する住宅用材の需要などに対して対応できないままでいたことによるが、そこには川上側の古い体質と旧態依然の国産材流通システムの改善の遅れがあった。しかしそれよりももっと大きな問題は、林野行政の農山村政策の欠如、林業の担い手と技術者の育成策の欠如にあると言える。そういうことから植えるだけ植えたにもかかわらず、収穫できる木材の搬出、販売体制が整わないままで来たのである。戦後営々として作り上げてきた人工林の多くが50年生代にさしかかり、伐れる木が山に一杯蓄積されてきたのに、その多くが伐られないで放置されてきているのである。

上に述べた「伐る」ということは、皆伐による主伐もあるが、それよりも間伐を主に指すものである。皆伐による主伐とは、ある林齢ですべての木を纏めて収穫することであり、間伐とは主伐までの途中で、林分の混み具合の調整を兼ねて何回にも分けて継続的に収穫していく行為である。林分とは、同じような構造のひとまとまりの森林で、周辺の森林と一目で構造の違いが分かるもののことであり、森林・林業で常に使う用語である。スギやヒノキの人工林は１００年生以上まで間伐を繰り返して収穫していけるものであり、そのような長伐期の多間伐施業は、林業経営の上からも環境保全の上からも合理的であり、好ましいものである。その理由については詳しく述べていく。いずれにしてもこれだけ多く造成した人工林は、主に間伐によって木材生産を高めて林業を振興させながら、将来世代のために優れた構造の森林として育てていくことが重要である。優れた構造の森林は優れた林業経営の基盤そのものである。

なお、上に「施業」という用語を使ったが、施業とは林業に特有の用語である。広くは森林の管理ということであるが、「業」という字が物語るように木材生産の林業の場で使われるのが普通である。

図表5　放置された過密なスギの人工林
過密で林内は暗く下層植生は非常に乏しい。個々の木はひょろ長く、冠雪に弱くて折損しているものが多い。このような森林は木材生産の上でも、環境保全の上でも問題が大きい。

造成された人工林がどんどん成長していくのに、間伐がなされないで放置されるとどういうことになるか。それはひょろ長い木の集団になり、強風や冠雪害の被害を受けやすくなる。ひょろ長い木はお互いにもたれ合うようにして立っており、強風や冠雪で共倒れを起こす。そのような被害を受けると、商品が失われ林業経営の基盤が損なわれる。ひょろ長い木の集団は根系の支持力も低くて、豪雨時には表層崩壊を起こしやすい。たとえ気象災害を受けなくても、そのような森林から良質な木の生産は期待できない。大変な金と労力をかけて造成してきた人工林をこのような状態にしておくのは社会的に大きな損失である（図表5）。

強く閉鎖したスギやヒノキの人工林の林内は非常に暗くて、下層植生が極めて乏しい。下層植生が乏しいと土壌の劣化を招くが、ヒノキ林の場合は特にそれが著しい。ヒノキの落葉は鱗片状に細かく分かれ、傾斜地において（日本の森林はほとんどそうである）下層植生が乏しいと、降

図表６　土壌侵食の進んだヒノキ人工林
下層植生が無く、ヒノキの落葉は降雨の地表流で流され、土壌の流亡、侵食が進んでいる。根が浮き上がっている分だけ土壌が侵食されている。

雨の地表流によって細かな落葉は流されてしまう。下層植生が豊かであれば、下層植生によって雨水の流下速度は抑制され、かつ下層植生による落葉のひっかけ作用が働いて落葉は定着する。森林生態系における下層植生の働きは非常に重要なものであるが、間伐がまともになされない針葉樹人工林の過密林では下層植生が著しく欠乏する。

過密なままのヒノキ人工林においては、地表流による土壌の侵食が進み、図表６のような惨状を起こしているところが多い。これは林業の不振は林業の問題だけでなく、環境保全、国土保全に大きくかかわる問題だということである。人工林を作って放置することの問題をよく認識すべきであるが、国民のほとんどがそういう実態を知らないでいるのが問題である。スギ林は落葉が細分化しないので、ヒノキ林のような土壌の流亡や侵食は起きにくいが、落葉の成分が単調で、土壌生物の豊かさに欠け、土壌構造の発達が悪く、木材生産だけでなく水源涵養その他の森林生態系の多面的機能（サービス）の発揮において問題がある。

針葉樹人工林の過密な森林は、生物多様性が極めて乏しい。生物多様性が乏しいとどういう問題があるかは、この後随所で述べていく。いずれにしても上述したような問題の大きな人工林が全国に多く広がっており、それは林業経営の基盤を失わせるとともに、環境保全的にも大きな問題をはらんでいる。

針葉樹人工林だけではなく、同じく放置されたままのかつての薪炭林や農用林などの広葉樹林をどうするかも重要な問題である。それらの広葉樹林は針葉樹人工林のような放置による環境保全的問題は少ないか、あるいは環境保全的にプラス方向に動いているが、どう活用していくかをしっかり考えていかなければならない。

かつて薪炭林や農用林であったところは、再び地域の生活や産業（農業）と密着した活用を考えていくことが重要である。特にエネルギー材としての薪の持続的な活用と供給は、持続可能な循環型社会の構築にとって重要である。２０１２年に「再生可能エネルギーの固定価格買取制度」が成立したのを契機に出力が万キロワット級の木質バイオマス発電所が各地に設置され、地域の森林組合や林業関係者と契約してスギ、ヒノキの間伐材を中心にしたチップを使用している。しかし、大量のチップを安定して供給できるのか疑問であり、事実針葉樹人工林の大面積皆伐の始まっている場所が多い。また、広葉樹林の大面積皆伐が進みはじめているのも大きな問題である。木質エネルギーは熱エネルギーとして、それぞれの地域で地域の生活と密着した形で活かしていくことが大事である。

内装材や家具材などとしての広葉樹材の活用を考え、それに向けた持続可能な森林管理を考えていくことも今後非常に重要である。これは後述するが、地域の工務店や製材工場が、地域の多樹種の特性を活かして、少樹種の規格材を扱う川下の大型のハウスメーカーや製材工場に対して、ニッチを獲得していくためにも大事なことである。ここのところが大きく見逃されているように思う。いずれにしても広葉樹林の持続可能な管理についても、しっかりと考えていかなければならない。

コラム１　**天然林、天然生林、人工林**（更新、天然更新）

天然林は、厳密にいうと自然の攪乱（火災、強風などによる構造の破壊）後に天然更新し、人手の加わらない森林である。しかし多少は人手の加わった森林でも、天然要素の高い森林は天然林と呼ばれることが多い。更新とは世代の交代のことであり、天然更新とは種子の自然落下や株からの萌芽などによって自然に行われる世代の交代のことである。

天然生林は、伐採などの人為の攪乱によって天然更新し、その後も人手の入っている森林である。例えば里山の萌芽更新した広葉樹の薪炭林は天然生林であり、それの放置されたものも天然生林である。しかし非常に長く放置され続けると、それは天然林と呼ばれるようになる。

人工林とは、植栽または播種によって更新した森林であり、かつその後も手を加えることを前提とした森林である。

3　山で働く人が減少し様々な問題が起きている

放置された人工林が増え、木材生産量が低下してきているのは、山で働く人たちが減少しているということである。林野庁の資料によると林業就業者数は1965年の約26万人に対して、2010年は約5万人となっており、45年間で5分の1に減少していることになる。林業を専業としていない農業と林業の複合経営を行っている、いわゆる農家林家といわれる人たちを含めると林業に関わっている人の数は、上記の数値よりもはるかに増えるが、その農家林家の数も大きく減ってきている。

１９６０年代の中頃までは、農山村の働き手が多くて山には活気があった。例えば１９６０年代の前半の農閑期の林業地では、働き盛りのご主人が奥さんを乗せたバイクが次から次へと列をなすがごとく山に向かっていく光景が壮観であった。だがそれ以降は年々山で働く人の姿は減り続け、特に若い人が少なくなっていった。それは日本が工業製品を中心とした貿易立国を目指し、都市中心の経済繁栄を続けてきた裏返しであり、優秀な農山村の技術力と労働力が都市部に流れた。外材の圧力などで材価が伸びないこととの相乗効果もあった。

農家林家が裏山の手入れをしなくなったこと、農林業の一環として管理していた竹林の扱いを放棄したことによって、竹林が旧薪炭林、農用林のコナラやクヌギなどの広葉樹林に侵入し、いわゆる里山のほとんどを竹が覆うようになっているところが増えている。これは生態系の多面的機能（生態系のサービス）の発揮において大問題である。生態系のサービスとは、生態系の機能の中で、人間が特に求めるもののことである。広葉樹林に比べて竹林が生態系サービスにおいてはるかに劣ることは、生物多様性の著しい低さからして明らかである。生物多様性が乏しいとなぜ生態系サービスが乏しくなるかについては第2部で触れる。竹林拡大の主体はモウソウチクであり、モウソウチクは中国からの導入種であるために、その拡大は日本の生態系にとって脅威である。

農山村で働く人たちの減少は、狩猟者の減少を伴い、それがシカの生息密度の異常増大を招いて農林業被害は極めて深刻になっている。日本列島におけるシカの天敵と淘汰圧はオオカミと人間であった。明治以降には農民も銃を所有できるようになり、オオカミは人間の手によって絶滅した。シカも一時は絶滅に近い状態に追い込まれたが、保護のために狩猟が禁止されて次第に増えてきた。そこで狩猟の禁止は解除されたが、農林業従事の狩猟者が激減してきたことにより、シカは平成に入る頃から異常な増大を続けており、農林業は甚大な被害を受けている。スギやヒノキの苗木を植えれば、シカの食害から守るために網柵を設置しなければならないところが多い。それにより、ただでさえ苦しい林業がさらに苦境に追い込まれるという悪循環が生じている。人里の裏山で働く人たちが減ったことにより、シカだけでなくイノシシやクマなどの野生獣と人との棲み分けゾーンがなくなり、人里への獣の出没が増えていることも問題である。農山村で働く人たちの生業を通したその地域の生態系の管理が必要である。

いずれにしても、農山村で働く人たちの減少、山で働く人たちの減少は、日本の国土の生態系の劣化を招き、日本の農林業の基盤を著しく損ね、日本の豊かな社会のバックアップ装置を損ねるものである。そういう観点からも農林業の振興を図り、農山村の過疎化を防ぐことが重要である。

さらに悪いことには、林業をあきらめた人たちが山を丸ごと売り払い、大面積皆伐した後に放置されたままの山があちらこちらで増えている（図表7）。人工林の無間伐林や、大面積皆伐とその後の放棄のようなモラルハザードがこのまま増えると恐ろしいことになる。このままでは10年後、20年後にはさらに惨憺たる姿になっているだろう。このような状態を抑えるために早急に

図表7　大面積皆伐地
このような大面積皆伐が各地で進んでおり、土壌の流亡が起きている。

森林の管理義務の要件に関する法律・制度の整備が必要である。例えば皆伐面積の上限は1haまたは大きくとも2haまでと定めることは不可欠である。一般に日本よりも地形が緩やかにもかかわらず、ドイツでは、州ごとに上限が1haまたは2ha以内と定められている。

林業従事者の減少の問題は、数だけでなく質の問題にも及ぶものである。新たに参入してきた若い人たちや、土木関係などの仕事から参入してきた人の多くは、例えば木が生き物であるということを理解しないままに伐倒集材作業に従事していることが多い。間伐作業で残す木の幹に傷をつけると、傷口周辺が変色してその木の将来価値は著しく損なわれるが、そういうことを理解しないままに、あるいは適切な技術指導がないままに作業が行われていることが多いのである。将来の商品価値を失わせるような作業などはあり得ないはずのものである。

現在早急に間伐を実施しなければならない人工林の多いことは繰り返し述べてきた通りである。そこで林野庁は様々な補助金を使って間伐の推進を図っているが、そこにある政策目標とその評価は間伐の実施面積、間伐の搬出材積量だけで、間伐の結果その森林がどうなったか、どうなっていくかまでの評価と検証はなされていない。したがって実施された間伐が、本来の間伐に対してまともかどうかの行政資料はないのだが、私が全国各地の現場を見てきた多くのところでは、本来あるべき間伐から外れた荒っぽい間伐が横行している。多くの林業の有識者の声も同じである。荒っぽい間伐とは、それによりその林分の将来価値が失われていくような間伐である。この荒っぽい間伐の広まりは、間伐未実施の林分が多いこととともに、忌々しき日本の林業の現状である。それには、山で働く人たちの減少と質が低下していることも関係しているが、目指すべき森林の姿も、林業のビジョンも見られないことからきていることが大きな問題である（図表8）。

4　ビジョンの見えない森林管理が進んでいる

図表８　荒い間伐
将来の価値生産を考えないで、その時点で金になる木から伐り、荒い伐出作業によって残された木の幹には傷が付いている。

拡大造林後の森林管理の政策

戦後の拡大造林に投じてきた金と労力は莫大なものである。それが現状のようになってきたことに対しては、拡大造林を実践してきた世代も、現役の世代もともに次世代以降の人たちに対する責任を果たすべく、その対応策に真剣に取り組まなければならない。どうしてこのようになってきたのかをよく踏まえて、現在と未来を考えるべきである。拡大造林の時代に、その後の社会情勢は予想できなかったという言い訳はあるだろう。だが林業のような長期の見通しを要する産業においては、そのような言い訳自体を考え直さなければならない。

拡大造林地のような単純で画一的なものを短期間に拡大させたことが、時代の変化に対応する柔軟性や弾力性を伴っていたかということを学ぶとともに、現在放置されている多くの針葉樹人工林を、今の時代に活用しつつ、未来に向けてどのような森林にしていくかを真剣に考え、そのビジョンを描き、実践しなければならない。適地を誤ったり、伐出条件を考えずに造林された人工林は生産林としては不適なので、広葉樹などの天然林に戻す必要がある。またかって薪炭林や農用林として活用されていた広葉樹林をどのように扱っていくかということも真剣に考えなければならない。そのことは森林で働く人たちのことや、農山村のあり方、都市（消費者）と農山村の関係までを合わせて考えなければならないことである。

拡大造林は単純な針葉樹人工林を作って、それを30年から40年の短い伐期で主伐して人工林を回転させていこうとするものであった。当時の木材不足に対応するために既存の人工林も40年生ぐらいまでで伐ることを誘導する政策が採られた。その理論的根拠として、40年生前後が、植栽から伐採までの間の林分の平均成長量が最大であり、そこでの主伐収穫を繰り返せば木材の生産量は最大になるということが挙げられた。そしてこの40年ぐらいの伐期を標準伐期と呼んで、それを推進する政策が採られた。しかし平均成長量が40年ぐらいで最大になるというのは、科学的に十分吟味されたものかどうかは疑わしい。現にその後の森林総合研究所などの長期モニタリング調査では、平均成長量は70～１００年生辺りでもそれほど落ちない高い値を維持しているという報告が出されている。また理論的にも同様であるという考えが出てきている。だが現在でも行政では40年ぐらいを標準伐期齢とする考えが残っている。

主伐で同じ収穫量を得るには、短伐期になるほど伐採面積は大きくなり、短伐期施業は大面積皆伐の方向に連なる。１９７０年代に入ると環境問題が大きくなり、大面積皆伐に対する国民の批判が高まった。また外材の輸入によって国内森林への伐採圧が減ったこともあり、１９７０年代の後半頃から国の政策は短伐期から、それまでの2倍の80年ぐらいを目安とする長伐期施業へと変わっていった。その動機はどうであれ、この政策転換は林業経営の基盤であるストックの向上、需要への対応の弾力性の向上、下刈りなどの初期経費の軽減、環境保全機能との調和の向上などの、多くの点において評価されるものであった。

しかし長伐期施業への政策転換は、間伐重視でなければならないにもかかわらず、その対応策が弱かった。間伐材搬出のための路網の整備、間伐材の搬出に適した機械の開発・改良、伐出作業システムの向上、どのような商品を出せば売れるかという市場の開拓に努め、間伐材をいかに纏めて市場に出すかの総合戦略を伴うものでなければならなかった。この大きな戦略に欠けていたために、長伐期化の方向に動いたけれども、それは消極的な長伐期化であり、林業経営的に好ましい内容を伴わないできた。それが現在多く見られる放置された極めて不健全な人工林の姿と結びついている。長期的な大きなビジョンを描いて長伐期施業の戦略を練り、その政策を進めるべきであった。

間伐の問題

もちろん間伐の重要性は認識され、国の補助金を伴った様々な間伐推進策が次から次へと実施されてきた。例えば近年は、地球温暖化防止策の一つとして多額の予算が間伐に向けられるようになり、その数値目標達成のために間伐面積は増えた。だが画一的な条件の縛りを伴った多額の補助金が、必要なレベルの技術・技能者、経営者が不足しているところに投じられたために、荒い間伐が目立つようになった。

２００９年に成立した民主党政権は、成長産業としての林業政策を重視し、「森林・林業再生プラン」を作成し、「10年で国産材率50％達成」を政策目標の先頭に掲げた。だがその数値が、どのような長期ビジョンの中で出てきたのかは示されないままに、この数値目標の達成のみが独り歩きし、それが強度な間伐を招き、さらに荒い間伐が目立つようになってきた。

「森林・林業再生プラン」では、それまで「伐捨て間伐」が多かったのを問題として、林業として意味のある「搬出間伐」を重視し、その推進策を図った。そのこと自体は良いことだが、それが極端に走り、補助金の対象は搬出間伐のみ、さらに搬出量が多いほど有利になる補助金制度を組み立てた。その結果強度な間伐が増え、それはさらに荒い間伐に結びついている。

コラム2　本来の間伐とは

本来の間伐とは、求める森林の機能を高めるために、混みすぎた林分構造を緩和する目的で間引きを行う作業である。木材生産を行う林業において本来の間伐とは、残された木の価値成長を高め、途中収入を得、気象災害に対する耐性（生産の安全性）を高め、下層植生を豊かにする、などの目的を持つものである。間伐は林分の将来価値を高めていく作業であるから、間伐木の伐出に伴い、残存木の幹に傷をつけるということは絶対にあってはならないことである。したがって本来の間伐には、選木技術と伐倒技術の両方を兼ね備えた技術・技能者が必要だということである。

さらに大事なことは、間伐とは目標とする森林の姿を描き、それに向けてのプロセスとして実践していく作業だということである。したがって間伐とは全施業体系の中で、その時々の間伐として、そして主間伐合計のトータルの中で評価していかなければならないものである。間伐のあり方は林業経営の良し悪しに直結するもの、林業経営そのものである。（一一七、一一八頁参照）

荒い間伐とはコラム2の「本来の間伐」に反するものである。近年行政が進めている「列状間伐」は本来の間伐ではなく、初期の間伐におけるやむを得ない選択肢の一つとしてあるものである。やむを得ない場合とは、早急に間伐を要する林分の多さに比べて作業員の数の不足や、コスト面からそれしか選択肢がないような場合である。あるいは未熟な作業員が多く、作業の安全性の上からそれを選択せざるを得ない場合もある。列状間伐はこれらの条件をしっかりと検討した上のものでなければならない。間伐は、機械の効率だけを考えたり、その時の採算だけを考えてやるものではない。その時々の都合に合わせただけの施業は、将来のビジョンを欠き、将来世代に対する責任を欠くものである。

斜面一つ違えば育林の条件も変わってくるデリケートな森林生態系を踏まえて、地域ごとに生産管理に責任を持つ経営主体やフォレスター的存在が、その森林の状態から最適な間伐のあり方を決めていくのが本来の林業の姿である。上から定められた目標に合わせて間伐するなどといった後進性を未だに引きずっている日本の林業から、どのように脱却するのか、真剣に考えなければならない。

伐期の問題

１９８０年頃から林業政策は短伐期から長伐期化の方向へ動いた。しかし２０１３年度の森林・林業白書から、地球温暖化防止として二酸化炭素の吸収速度を高めるため、そして齢級配置の均衡化を高めるためという理由でかなりの比率の森林を、40~50年生前後で主伐を行う政策転換を示唆する記載が始まった。そして２０１７年度に十分な論議もなされないままに森林経営管理法が制定され、そこで短伐期化の方向は固められた。長伐期化への方向性を短伐期化へと変更していくことは、極めて大きな林業政策の変更である。だが、それは本来あるべき持続可能な林業経営に向かって真面目に努力している林業家や多くの市民、国民の方向を見ているのか、そしてしっかりと議論のプロセスが踏まれているのかが疑問である。

大きな理念とビジョンを持たないままに、その時々の都合でころころと変わる政策、現場の技術と乖離した政策は、長い目で見ると森林の多面的サービスの力を弱め、木材生産量の低下を招き、木材の自給率を低下させる。先に述べた、我が国の木材生産量と木材自給率がともに低下し続けてきたことは、それと無関係ではないと思う。原因はこれから先の随所で触れていく。

行政も林業関係者もしっかりとした根拠を踏まえた理念を持って、市民、国民にも理解できる揺らぎのない長期的ビジョンを描き、その実践に努めていかなければならない。また、市民、国民も行政に対してしっかりとした意見を発していけるようにすることが重要である。あるべきビジョンの考え方については第２部以降で詳しく述べていく。

５　林業力低下の理由

木材生産量と木材自給率の低下は日本の林業力の低下を意味する。その第一の原因として挙げられるのは木材価格の低下であり、労賃の上昇である。戦後の木材不足から高度経済成長時代までの国内の木材価格水準は非常に高かったが、それ以降は低下し続けてきた。一方、高度経済成長に伴い労賃は上昇し、そのためにスギ1㎥の生産額で雇用可能な伐出労働者数は、1960年前後の11人に対して、2005年度のそれは0・9人にまで減っている。このような社会的状況の変動によって林業経営の方向性を多面的に検討していかなければならない。

すでに2章で述べたように、国際的な木材価格の水準は長年にわたり大きな変化はなく、世界の国々はその国際価格水準で木材の輸出入を行い、国内の林業の振興を図ってきたのである。だから日本が安い外材に対抗できなかったというだけの言い訳は通じない。その大きな原因の一つは、日本国内における木材の価格政策の欠如にあると言える。現在の市場経済体制の下では、川上の木材生産者は川下の木材加工業者に対して木材価格の決定力が明らかに弱く、川上の木材生産者は疲弊してしまっているのである。欧米のように一次生産者を守る外部経済の考えを採り入れた価格政策が必要である。また林業関係者と消費者、一般市民、国民との関係の弱さも大きい。そしてそれをサポートする行政の働きがうまくいっていない。これらについては後で触れていく。

外材の圧力が始まったのは、1960年代の初めの木材輸入の自由化に起因している。この自由化は外圧によるものではなく、日本が自発的に行ったことである。その後はウルグアイラウンドやTPPで関税引き下げに大騒ぎをしているが、1960年代の初めに日本自らが関税を撤廃したのは驚きである。国産材の不足による木材価格の高騰が日本経済の足を引っ張るということからのなりふり構わぬ決断だったようだが、それにより国産材は外材に席巻されるようになったのである。

第2部6章で触れるが、下刈りやつる切りなどの育林経費の高くつく日本の人工林の材が、広大なアメリカ北西部やシベリアなどの針葉樹天然林の材と競争できるかどうかがまともに検討されなかったのは信じがたいことである。これは日本の国際的視野が乏しかったことを物語っているが、国の経済発展のためには林業ぐらいはどうなってもよいという意識が経済界や政界にあったのかもしれない。しかしその後はアメリカやロシアなども、資源の保全や自然保護などのために天然林からの丸太輸出には制限がかかったりして、外材の圧力は昔に比べて小さくなっている。だが製材、加工された材の輸入圧はヨーロッパからのものなども加えてなお続いている。

１９８５年のプラザ合意以降の円高は、日本の林業を一層苦しめるようになった。ちょうどこの頃から無垢の構造材を表に出す伝統和風建築工法が、それを表に出さない大壁工法に取って代わられたために、国産の無垢の良質材の価格が低下してきて、それがさらに日本の林業を苦しくした。それに追い打ちをかけたのが１９９５年の阪神・淡路大震災であった。戦後の物資不足の時期に建てられた劣悪で古い木造住宅の被害の大きかったことなどが影響して、非木造住宅が増えるとともに、木造に対しては様々な条件が求められるようになり、それに対応できたヨーロッパからの集成材などの製品の輸入量が増加し、それらの影響が重なって、すでに述べたように2002年には木材自給率は18％にまで低下した。しっかりした仕事のなされた日本の伝統的な軸組み工法の木造住宅の評価がおろそかにされ、不利な立場に置かれてきたこともある。それに伴い地域の気候風土に合った地域の材を評価する考えがないがしろにされてきた。

以上のように日本の林業の低迷の原因を材価の下落や建築様式の変化などや、マーケティング力の低さを中心に述べたが、大事なことはそれに対する適切な対応が林野行政だけでなく、国全体の産業政策、社会政策に欠けていたこと、それはひいては国民全体の意識に問題があるということである。そして、欧米の先進国に比べて、森林国の日本がなぜここまで木材生産量や木材自給率が低下したのかを国民全体で考えなければならないことである。森林国である欧米の先進国では、木材の生産量や木材の自給率は、適切な政策、技術の向上、国民の理解などにより、増加ないしは高いレベルを維持している。

6　林業関係者に必要なこと

林業という言葉は幅広い意味を持つが、ここでは木材など林産物を生産するものとし、特に木材生産に焦点を絞ったものとする。そして林業関係者とは、林業家、林業活動を行う事業体、その林業活動を支援する行政関係者、研究機関や教育機関、また林業に関連する様々な団体、ＮＰＯ、ＮＧＯで活動する人たちである。さらに林業を広義に捉えると、木材産業関係者までを含める場合も多い。そのように広義に捉えるのが必要なのは、林業活動と木材産業の振興はお互いに密接な関係があるからである。したがって本文で述べる林業関係者の中には広義の林業関係者も含まれる。

さて森林所有者には、個人、会社や社寺、個人や会社などの共有者、市町村、県、国などがある。個人や会社などの所有林は私有林と呼ばれるが、そのうち会社の所有林は会社有林と分けて呼ばれることも多い。市町村や県の所有林は公有林と呼ばれ、国の所有林は国有林と呼ばれている。日本の全森林面積に対する私有林、公有林、国有林の比率はそれぞれ55％、16％、29％である。それらがどのような役割を求められてきたかは時代とともに変わってきているが、これからは国有林や公有林の管理目標はより公益的機能の発揮重視、私有林は林業の適地においては林業重視にあるべきだと考えられる。

自然制約の中で行う林業を、市場経済の下で独自で経営していくことはなかなか難しい。だから環境保全の観点も含めて、あるところまでは補助金に支えられて経営していくことはやむを得ないことである。林業国であるドイツをはじめ多くの国では、農業と合わせた農林業従事者に所得補償と、必要に応じて補助金が支払われている。その総額は日本よりも大きいところが多い。国土保全にも強く関係する林業を維持し、振興させるためには所得補償や補助金は必要である。だが多くの林業の先進国の補助金が、各地域独自の林業の質を高めることに使われているのに対し、日本では国が中央で一律に決める補助金政策が、それぞれの地域の林業経営者や森林組合の多くを脳死状態のようにし、自ら技術や経営の創意工夫をする姿勢を弱めていることが大きな問題である。

補助金の条件通りに作業がなされているかの会計検査が行われているが、検査を行う人は林業の素人のような人だから、条件に定められた植栽本数や間伐率などの数値だけを問題にする。そのために数値が独り歩きする一律的な施業となり、現場の技術や経営の向上の芽を摘む場合が多い。地域ごとに自然条件が異なる林業においては、それぞれの場所でのそれぞれの人たちの創意工夫が必要である。林業の魅力とアイデンティティはそこにあるはずであり、林業家自身の創意工夫の積み重ねが重要であり、それを支援する政策が必要である。

林業政策の一部についてその問題点を述べたが、林業の問題は日本の国全体の問題の中で考えなければその答えは見いだせない。そのために明治以降の日本の歩みと、その中で林業がどのような道を歩んできたかを次章で簡単にたどってみたい。

7　林業の背景となる日本社会の歩み

明治維新から日露戦争にかけては、日本が欧米列強に植民地化されるのを防ぐために、そして不平等条約を改定させ、先進国の仲間入りをするという自衛的に明確な目的があり、欧米の科学技術文明を採り入れて豊かになりたいという希望があった。日本を自衛し、先進国の仲間入りをするためには富国強兵策が必要であり、軍艦や兵器を作る科学技術が何よりも優先された。そしてそのための財政力を得るために輸出産業が重視された。日露戦争後は先進国の一員として、海外に資源を求めて列強とぶつかり、軍需産業に向けた科学技術の向上が一層図られた。その科学技術の力が戦後は重化学工業を中心とする平和産業に向けられ、高度経済成長の源となり、日本は経済的、物質的に豊かな国になった。

そのように日本が豊かになったことは評価されるが、欧米から近代的な科学技術を導入することに目を奪われ、二次、三次産業的な効率ばかりを求めて、農山村政策は犠牲にされてきた。欧米の農山村の景観の美しさと日本のそれとを比較してみるとよい。欧米の農山村や地方の小都市にはそのアイデンティティが保たれているが、日本にはそれが乏しく、都市だか農村だか分からない無計画な醜い景観が広がっている。都市計画法というものはあっても、都市・農山村計画法というのがないままできたことは、農山村軽視を如実に物語っている。

明治維新に近代国家を建設するために学校教育が重視され、散在する集落を合併して、その真ん中に位置する集落に学校を設置した。これが市町村大合併の第一歩で、以後第二次大戦直後と、平成にも大合併が行われた。これらは国策遂行の合理化のためであり、財政の合理化のためであったが、それにより自然環境に順応した農林業的に必然性のある集落の単位と機能は崩壊し、集落住民の自治も失われていった。合併によって国策遂行と財政の合理化ができ、合併の効果はあったが、それによって都市だか農山村だか分からない自治体が多くできてしまった。農山村の自治能力の欠如は農林業に特有のそれぞれの地域の知恵を失わせ、農業とともに林業の基盤の弱体化を促進させてきた。農林業の従事者は都市の労働力の供給源となり、優れた人材の多くは都会に流れた。日本の林業の不振にはこのような大きな底流がある。

教育にも問題があった。地域のことを学ぶ教育は無視され、また日本経済に貢献しない仕事や産業は教科書から消された。林業が不振に陥った1980年頃には義務教育の教科書の「仕事」や「産業」の欄から「林業」の扱いが消えた。日本林学会から「経済的地位が落ちたからといって林業の社会的意義まで失うものではない」という意見を文部省に提出して、数年後に林業の記載の復帰を見たが、この事実は林業がいかに軽く扱われているかを如実に表すものであった。この当時は経済的な尺度からしか社会的評価ができていなかったということであるが、現在でもその姿勢は基本的には変わっていない。なお、林業の本質的な意義については後で触れる。

８　林業の歩み

日本は室町時代から農業や商工業が活発になり、その室町時代から商業的な針葉樹人工林の育成が行われていたという記録がある。だが各地で本格的な育成林業が行われるようになったのは江戸時代に入ってからであり、その古いものは４００年ぐらい前からである。そして林業の先進地といわれるところでは、例えば奈良県の吉野のように強い需要に応じた樽用の無節のスギ材の生産を行うなど、それぞれの地域の自然的、社会的条件に応じた、独自性の高い人工林技術が育まれてきた。そして各藩は藩の財政上から木材資源の管理を重視し、また治山治水のために森林の管理に力を入れた。このように日本の森林の管理への姿勢は世界の中でも最も早くから進んでおり、世界に誇れるものだったのである。

江戸時代には、村民で共有し農業とも絡めて多面的に利用した入会林（入会地）が、広大な面積を占めていた。それが明治新政府の成立に伴い、その多くが国有林や公有林に編入されたが、所有を巡って紛争が絶えなかったり、境界の不明確さなども手伝い森林管理に大きな乱れが生じた。また国家財政上の必要から国有林などへの伐採圧が高まるなどもして、明治時代に入ると日本の森林は大きく荒れた。

日本政府はヨーロッパから法律、制度、技術などを導入したが、森林・林業についても同様であった。1880年頃から当時としてはかなり体系化されていたドイツの林学を学び、それを日本の林務行政と学問体系に採り入れた。森林づくりの技術においては、吉野などの日本の伝統的な体系とドイツのそれとを融合させることに努めた。

そのような森林の管理体制の整備への動きを経て、1897年には不十分ながらも近代的な法律の形を備えた「森林法」が成立した。それは水害などを招くような過剰な伐採や開発などに規制を加える「保安林制度」を軸としたものであったが、その後の改正により国土の保全と森林資源の保続・培養を旨とするものへと進展していった。このように法律・制度が整備されていくとともに、明治の終わり頃、すなわち1900年頃から積極的な造林活動が全国的に展開されるようになった。それまで草地として利用されてきた土地や、長年の過収奪による禿山などへの植林が進むとともに、既存の森林に対しても保続経営に努めるようになり、その成果が見えてきた。

だが第二次大戦の非常事態がこの成果を根底から壊してしまった。確かに明治後期から大正にかけてよくなされた人工林の造成が、第二次大戦中と戦後の木材不足の危機をかなり救った。だがそのなりふり構わぬ過伐のため1970年代から1980年代にかけて、日本で伐れるサイズの木が欠乏するようになり、外材に依存せざるを得なくなった。この際に知っておくべきことは、林業の先進国であるドイツやオーストリアは、戦中戦後の木材不足の時代でも、できる限り過伐を避け、長伐期施業を崩さないできたことである。それがこれらの国の今日の林業国としての基盤となっている。

１９７０年は環境元年と呼ばれているように公害問題が一気に噴き出した年であった。その年を転機に、さらに１９７２年の第１回環境サミット、いわゆるストックホルム会議を経て、マスコミは森林・林業政策に対しても厳しい批判をし出した。それまで20年にわたり、「増伐」と「奥地開発」を要求し続けてきた世論は一転して、「大面積皆伐」や「大規模林道」に起因する環境破壊に厳しい目を向けるようになった。それに伴い林野行政も生産偏重から、森林の環境保全機能にも配慮する政策を採り始めた。それは質よりも量を求める短伐期（40年ぐらい）施業から、長いスパンの長伐期施業（80年を目安）への移行であり、大面積皆伐を小面積皆伐、さらには非皆伐の複相林施業（コラム３参照）を目指すものであった。この後繰り返し言及するが、短伐期施業は環境保全的にマイナスが大きく、林業経営的にも問題は大きい。したがってこの時の林業政策は、理論構成は不十分なものであるにせよ、持続可能な森林管理の考えに合致する方向性の正しいものであった。

先に１８９７年に森林法が成立したことを述べた。この法律はその後何度も改正を繰り返して現在のものに至っているが、それは一貫して国土の保全と森林資源の維持培養を目的とするものである。だがそれだけでは林業政策によって立つところが得られないことから、林業の総生産の増大、生産性の向上と従事者所得の増大を主目標とする「林業基本法」が１９６４年に成立し、従来からの森林法と、林業基本法の２本立てとなった。そして林業基本法は２００１年に環境保全にも配慮する「森林・林業基本法」に改正されたが、やはり森林法との２本立てのままで現在に至っている。森林法は、成立当時は優れたものとして評価されたが、幾度か改正されてきたとはいえ、１９９０年代以降の国際的な持続可能な森林管理の新たな考えに沿うものにはなっていない。森林・林業基本法も「持続可能な森林管理」の内容に沿うものになり得ていない。森林法と森林・林業基本法がなお２本立てで存在し続けているということは、日本の森林・林業の法律が根本から議論され、整理されてきていないことを物語っている。

１９９２年にリオ・デ・ジャネイロで開催された第３回地球サミット、「環境と開発に関する国連会議」で「森林に関する原則」が採択され、それまでの木材生産第一の森林管理から、生物多様性や地球環境保全などの森林の機能全体を考えた「持続可能な森林管理」という理念が打ち立てられた。欧米諸国は、この新たな時代の「持続可能な森林管理」の理念に基づく森林・林業政策を１９９０年代後半から採り、法律や制度の改正を行ってきたが、世界的に行われたこの政策転換に対して日本政府は取り繕いの策で対応してきた。日本では未だに「資源政策」を旨とする「森林法」の大きな改正ができないでいる。後述するが古い法律・制度の縛りの中で森林生態系のサービスの発揮に基づく様々な政策を展開しなければならないために、その政策の内容は非常に分かりにくいものになっており、行政者自身もそれを感じているはずである。分かりにくい内容で森林管理の正しい評価ができるはずがない。新たな時代に合った国民に分かりやすい法律・制度の抜本的改革こそ、これからの日本の森林・林業のあるべき展開のために不可欠である。これについては第3部の5章などで触れる。

コラム３　**複相林施業**

複相林施業とは、皆伐をしないで、様々な世代の木を一つの林分の中で育てていく施業のことである。皆伐であるか否かは、伐採面（更新面）の1辺または直径が、隣接する大きな木の高さ以上か否かによって判断するのが普通であり、1辺が樹高以内の伐採面で次世代の更新を図るものを、複相林施業ということが多い。一方、皆伐は樹高の2倍以上のものをいうことが多い。複相林施業は1本の大きな木の伐倒跡の小さなギャップから、複数の木を纏めて伐った大きなギャップまで様々なサイズのギャップの様々な生育段階の木で成り立った林分を管理していく施業である。なおギャップとは、伐倒や倒伏によって林冠に生じた孔のことである。「林冠」とは「樹冠」が水平方向に連なったものであり、樹冠は個々の木の枝葉のある部分、すなわち樹木の梢端から一番下の枝までの部分のことである。

複相林施業は昔から択伐林施業と呼ばれているのと同じものである。

9　国産材の供給、販売体制が遅れてきた

林業が業として成り立つためには、生産された材が適正に評価され、適正に使用される、生産から消費までの流通の仕組みがなければならない。日本において第二次大戦のしばらく後までは、木材は常に建築、家具、器具、その他各種の資材、燃料などの主役であり、木材生産者にとって販売努力の必要はほとんどなかっただろう。特に戦後の木材不足による材価の高騰は、販売努力の意識を奪ったといってよいだろう。この頃の意識がその後の時代の変化に対する適切な対応力を失わせてきたように見える。

拡大造林により人工林を増やしながら、同時に木材の輸入関税を撤廃した。そのために瞬く間に輸入材は日本のマーケットを席巻してきたが、増大させた人工林はその間に成長を続け、やがて大量の材を搬出しなければならないことは分かっていた。だがそのための伐倒・集材、搬出技術の向上と、時代の変化に応じた流通、販売戦略は有効に立てられないできた。

どのような情勢であれ、材が利用径級に達するかそれまでに、合理的に伐倒・集材、搬出できる路網を整備すること、地形に応じた集材、搬出機械の開発とその作業システムの構築、及びそれに携わる人材の育成を図ることは不可欠である。人工林を造成したらそこまでやるのは当然のことである。だがそのような動きがようやく出てきたのは、２０００年代に達してからである。円高も加わった外材の攻勢に代替材も加わり、１９７０年代後半から日本の林業経営は苦しくなり、インフラ整備などの余裕はなくなってきたという言い訳はあるかもしれない。だがそうであればこそ一層真剣に技術の向上と人材の育成に努めなければならなかったはずである。成長して過密になり、蓄積の高まってきた人工林は、間伐しないと木材生産においても環境保全においても脆弱な構造となり、大きな問題を抱えてしまう。木材生産のために人工林を造成したのであるから、利用径級に達した木は、間伐材であれ主伐材であれ、販売に努力しなければならない。その販売戦略が非常に遅れてきたことが、日本の林業をますます苦しくさせてきた。木材の販売を促進させることが、適切な森林の管理経営を可能にし、将来の林業経営の基盤を固め、森林の多面的サービスを高度に発揮させていくために必要なことである。

ヨーロッパ諸国でも１９８０年代初め頃までは国際市場価格の下で林業事情は厳しかったが、その後の伐倒集材技術とその作業システム、生産から販売、流通に至るシステムの著しい改善向上により、木材の生産量は向上し、林業クラスターが主要産業となっている国が多くなっている。クラスターとは、ある地域においてある分野の関連した企業や機関が、お互いに補完し合って活動している集団のことである。私が１９８０年にドイツで行われた、森林施業の国際研究集会（造林、伐出機械と作業、経営の専門家で構成）に参加した時のこと、ドイツの研究者は、「ドイツをはじめヨーロッパ諸国の林業は、労賃の高騰と国際市場価格の下で非常に苦しい状態にある」と述べていた。しかしその時、ドイツの研究者はスウェーデンやフィンランドなどの研究者と伐出技術や流通システムなどについて、企業の技術者も交えて情報交換に努めている姿が印象的であった。彼らは普段から密接に繋がっているようであった。それからしばらくした１９９０年代以降のヨーロッパ諸国の林業の著しい振興を見ると、彼らの技術とシステムの改善に対する努力が行政の力も合わさって成果を上げてきたのだということを強く思い知らされた。彼らはライバル同士でありながらお互いに学び合い、専門の領域を超えて、官民挙げてより高い目標を共有しているなど、日本が学ばなければならない点は多い。１９９０年代以降、ヨーロッパからの製材加工製品が日本市場で増大し、それも日本の林業を圧迫する要因になったが、これは彼我の技術革新の差によるところが大きいものといえる。

国際市場経済の中で、地域の農山村社会の再生を図りながら、木材の生産と消費、林業と木材産業のあり方を考えていくことは、日本の社会のあり方に関わる極めて重要な課題である。この課題の解決のために我々が考えなければならないことについては、第２部の９章で検討する。

10　木を使うことの意味

木材の利用促進に努めるためには、木材を使うことの意義を林業、木材産業側から消費者側によく説明しなければならない。それと同時に地域の材を使うことの意味、国産材を使うことの意味もよく理解されなければならない。

生物材料である木材は、木目が美しく、肌触りも良くて人々の気持ちを和らげ、落ち着かせてくれる。また木材は温度を緩和し、乾湿差を小さくし、音を和らげるなど健康的である。そして木材はその重量に比べて強度など様々な機能において平均的に優れた材料である。さらに紙パルプその他様々な材料に使われ、エネルギーにも使える。このような木材の長所はすでによく知られたことであるが、その価値を改めて認識する必要がある。

１９７０年代に大気汚染などの環境問題が大きく取り上げられるようになり、１９８０年代の後半になると地球環境問題が切実な問題として認識されるようになった。この地球環境問題、特に地球温暖化問題に対してこそ、持続可能な森林管理と適切な木材の利用が強く求められる。それは経済、環境、文化のすべての面からいえることである。

地球環境問題は持続可能な社会の構築にとって最も大事な（深刻な）問題である。１章でも述べたが、地球環境は地球生態系とほぼ同じものである。地球環境問題は地球生態系に人間が影響を及ぼしている問題である。地球生態系は地域の生態系の合わさったものである。だから地球環境問題の解決のためには、それぞれの地域の人達が、それぞれの地域の生態系にできる限り反しない生活や産業様式を構築していくことが本質的に大事だということである。また自然界にない加工物質が生態系を汚染して様々な環境問題を引き起こしていることも問題であり、これらにもできる限りの対応策を講じていくことが大事である。その対応策の一つが木材の利用であり、林業の振興である。

日本の陸上の最大の自然資源は森林である。だから日本人は森林といかにうまく付き合っていくかを強く問わなければならない。持続的な森林管理をしていく限り、木材は光合成により「水」と「二酸化炭素」を基にして永遠に生産し続けることができる。そして木材はその利用期間中に長期にわたって炭素を貯蔵し続け、使用後はやがて燃焼や腐朽などによって「二酸化炭素」と「水」に還元される。このように木材は生態系を循環する物質である。現在の生態系の中で循環している木材を、森林生態系の持続性を損なわない範囲でできるだけ多く生産し、有効に利用していくことは、森林生態系の循環に人為的循環のバイパスを加えたものであり、その健全なシステムを積極的に活かすことは持続可能な社会の構築にとって本質的に重要なことである。地域の材は地域で率先して使うことが大事であり、住宅はもちろんのこと、学校などの公共的な

図表９　地元の材で作られた木造の小学校校舎（愛媛県久万高原町）

建物は率先して地域の材を使うべきである（図表９）。

11　地域における循環と文化の喪失

都市中心の市場経済の発展の下に、より安く、より早く、より便利にという力学が優先して、一戸建て住宅においても非木質の住宅が増え、木造住宅においても規格型の部材を現場で組み立てるプレハブ方式の住宅が増えている。住宅機能に対する消費者のニーズの最大公約数を捉えて、工期の短縮などにより比較的低価格でこのような住宅を供給する都市部のハウスメーカーが増えている。木材を多く使用することにおいて、そのようなハウスメーカーの役割は重要である。

しかし地方の中小都市や農山村においても、大都市を拠点とするハウスメーカーの規格型住宅が増えていることには問題がある。なぜならば農山村や地域に資本が蓄積しないからである。素材が伐採される地域に、地域産材を挽く製材工場とその製材品を扱う工務店があれば、職人や大工などの雇用は高まり林業も活性化され、資本が地域に蓄積されて地域の再投資力が働いていく。プレハブ住宅は総じていうと丸太の材質を余り問わない方向に行くものであり、川上の木材は川下の木材産業と住宅産業に低価格の取引を強いられている。そのために林業の苦境はさらに高まり、地域に雇用は生まれず、川上に資本が蓄積しにくい構図になっている。

従来からの製材会社の職人や建築現場の大工職人は木の性質を熟知していて、良い形質の素材はそれに応じた評価をする。伝統的な軸組み工法の木造住宅を建てる施主は、木の良さを求め、木の質に対する関心が高い。そういう人が増えれば、良質な材にはそれに応じた適正な価格が形成されるようになる。良いものを作ってそれに応じた価格で取引されれば、木材生産者にとって経営の大事なインセンティブとなる。それが失われると安かろう悪かろうの世界になり、森林の質は低下し、公益的な機能も低下することになる。

家を建てる施主から、素材を生産する林業家までお互いに顔が見える関係を築いていくことが重要である。特に地方においてはそれができやすく、そのことが地域社会にとっても重要である。家を建てることは自分の人生を考え、社会を考える大事な機会である。自分の家は地域社会の発展にも、景観の形成にも大事な役割を果たしているのだという考えが大切である。家づくりは、森林づくり、地域づくり、国づくりにとって非常に大事なことである。

良質な製材用材が適正な価格で取引されれば、それと込みにしてエネルギー材やパルプチップ材の搬出採算も合う方向に動く。最近、植物繊維をナノサイズにまで細かくほぐすことで得られるセルロースナノファイバーという物質が開発され、様々なものへの応用が期待されるようになってきているが、その原料材についてもそうである。製材用の良質材の生産を目指した育林作業をしても、形質不良木は必ず出てくるものであり、それらを無駄なく使うことが大事である。また製材工場や集成材工場などで生じる廃材やおが粉もエネルギー材などとして、無駄なく活用することが重要である。それぞれの地域においてこのような段階的な木材利用のシステムを整えれば、バイオマス材の利用比率を高めていくことができる。それぞれの地域で木材を無駄なく使っていくことは地球環境保全のためにも大事なことである。特に熱エネルギーとしての利用が大事である。

現在の農山村や地域社会は、横の繋がりが失われ、それに伴う地域のアイデンティティも文化も失われている。同じく木の文化も失われている。これらの再生と合わせて、林業の再生を考えていかなければならない。それは地域社会が主体的に考え、地域における協調精神を重視し、実践していかなければならないことである。

なお、地域の材を地域で利用していくことの重要さを述べたが、それを担保しつつ木材の大消費地の都市部に向けて、いかに多くの材を安定的に供給していくかということも、林業の振興を通して地域を豊かにしていくために大事なことである。その両方をうまく関係づけていくための方策については第2部の9章で検討する。

12　国民と森林との距離が遠すぎる

ここまで述べてきたことを総じて振り返ると、森林は一般国民からあまりにもかけ離れた存在になってしまっている。それは戦後社会が求めてきた「より便利で、より安く、より早く」という価値観と経済原理が、持続可能な森林の取り扱いには合いにくいものであり、経済発展を目指す社会にとっては林業が関心の薄いものになってきたからであろう。林地の単位面積当たりの経済的な生産効率は低い。そのため工業製品で稼いで、木材（食料も）は輸入すればよいという経済的な考えが強まってしまったのだろう。これが環境保全も含めた持続可能な社会の構築に反したことであることは、真剣に考えれば誰にでも分かることだろう。

国民と森林との距離が離れ、人々が森林と接する機会はすっかり少なくなってしまった。そして都市中心の人工的で便利な生活環境に慣れるに従い、自然の中で養われる感受性、敬虔な気持ち、想像（創造）力といったものが人々の心から失われてきている。工業化社会が日本の生きる道であっても、一次、二次、三次産業のバランスの取れた文化国家を目指すことが大事である。それは美しい森、美しい田園、美しい街並みが誇れる地域であり国である。そういう所に暮らすのを誇れるような国にすることが大事である。同じ工業国のドイツの美しい森や田園や街並みには学ぶべきだと思う。国際的に尊敬される国家は、我々が目指すべきものはそういうものだと思う。

森林所有者は林業への関心を失い、山を放棄し、持山の状態も、境界すらも分からなくなっており、中には自分の持山の存在すら知らないケースもある。これらは国民と森林の距離が遠くなってしまったことを最も如実に物語っている。そのようにして手入れもされずに放置された人工林は不健全で、不気味ですらあり、そのような所には人々は近づきたくなくなる。

森林・林業に関わる行政関係者は、林業の不振に伴う職員数の削減などにより、事務処理的な仕事に追われて現場に出る機会が減っている。現場から離れた行政は、林業と一般の人たちを結び付ける自らの役割も弱めている。

第3部の5章で触れるが、日本の森林法の内容は相変わらず古くからの「資源政策」の柱をそのままに置いたものであり、森林・林業に対する市民の声を反映させるものにはなっていない。

現行の森林法は「持続可能な森林管理は、様々な立場の人たちの合意形成に基づくものでなければならない」という、国際的な認識の潮流に乗り遅れたままのものである。森林所有者（林業家）と一般市民（国民）とのコミュニケーションと合意形成がよく図られていないことが、木材の自給率が低く、森林が荒れた状態になっていることの大きな背景だと考えなければならない。森林は公共性が高いものであり、森林所有者のものではあっても、市民、国民もそれに大いに関与すべきである。一般市民は木材の消費者であり、森林のあり方について森林所有者と市民が合意形成を図っていくことは、地域の材を使おうとする大事な動機付けの一つとなるはずである。林業国である先進国の国々と、日本との大きな違いはここにあるように思われる。

第2部

問題を解決するために必要なことは何か

1　目標とする社会の姿

第1部で俯瞰した日本の森林・林業の問題点とその経緯を踏まえて、我々はそこから学ぶべきことを学び、将来に向かって新たなビジョンを描き、その実践に向けた方策を検討していかなければならない。森林・林業の理念と長期的ビジョンを得るためには、我々はどのような社会を構築するのかを考え、それに沿った森林・林業の目指すべき姿を求めていかなければならない。それは様々な立場の人たちの合意形成に基づくものでなければならない。

日本は戦後自由市場経済の下で物質的な豊かさを求めて邁進し、環境問題などの副作用を伴いながらも、その目的を満たしてきた。だがバブルが崩壊してから四半世紀が過ぎながら、我々は未だにどのような社会を目指すのかが見えていない。日本の現況は我々が追い求めてきた欧米型の、特にアメリカ型のグローバル資本主義の行き詰まりと軌を一にするものである。我々は今こそ、あらゆるものが経済原理で解決できるという考えを問い直し、皆が共有すべき価値観の中に、それぞれの地域の自然を活かし、それに沿った生き方、すなわち「自然との共生の心」のあるべきことを考えていくべきだと思う。その中にこそ持続可能な福祉社会の根源があるように思える。

とはいえ現実を見ると、我々日本人はとても自国の豊かな自然とうまく付き合っているとはいえない。食糧自給率が40％、木材の自給率が30％という数値は、先進国の中では飛びぬけて低い数値である。我々はあまりにも性急に経済成長を求め過ぎ、基本的に大切なものを見失ってきたように思う。その大きなものは農林業などの一次産業の衰退、農山村社会の崩壊、それに伴う自然との共生の心の喪失であり、人と人との心の繋がりの喪失である。

これらは戦後の経済成長を通して起きたことではなく、第１部の７章で述べたように幕末・明治維新以来の欧米列強に追いつくための富国強兵策に伴った無理や、それに連動した欧米的価値観の偏重が今日に及んでいるように見える。戦後の経済成長では我々が本来踏まえておかなければならない、地域の自然に根差した産業と文化が犠牲にされ、農山村社会は廃れていったのである。これは国土の荒廃であり、国民の心の喪失でもある。これをどうするかは都市と農山村の住民、すなわち国民全体で考えていかなければならない大きな問題である。

石炭や石油などの化石資源は有限である。原子力発電は、一つ間違えば人間の力では制御できないものであることを目の当たりにしたし、トータルコストにおいても問題があるようである。それに対して、「太陽エネルギー」と「水」と「二酸化炭素」から永遠に生産される植物資源は、食糧、資材、エネルギーなどの大地に根差し、特に日本にとっては有益である。しかも植物の生育そのものが良好な環境を形成し、美しい景観を生み人々の心を優しくする。必要なことは、日本人が本来持っている知恵と勤勉性を、その資源の活用にいかにフィットさせていくかである。

日本は温暖で1年を通して雨が多く、植物の生育に適していて、陸上の自然は主に森林で占められている。我々日本人は日本の自然をよく見つめて、その自然をうまく活かした生き方を真剣に見直し、これから目指すべき社会を考えていくことが重要である。森林生態系から得られる便益は、木材などの林産物、清浄な水、多様な生物、そして美しい景観などである。豊かな森林は豊かな土壌を育み、良質な水をコンスタントに下流に供給してくれる。それは良質なコメなどの農産物の生産、住民の飲料水、工業用水などに不可欠な水資源の涵養機能を果たすものである。森林の生態系サービスが長い歴史を通して日本人の生活の基盤を支え、精神性を養ってきた。これらをもう一度再生させ、一次産業から三次産業までがバランス良く調和的に機能した豊かな文化国家を我々は目指したいものである。

工業的なモノづくりで、その優秀さをいかんなく発揮させてきた日本人は、それをさらに高めつつ、その能力を豊かな自然資源を活用する方向にも向けるべきである。林業の望ましい姿は、若い人たちから高齢者に至るまで、生き甲斐を感じ、精神的に豊かな地域社会を築くことである。そして都市と農山村との交流を深めることにより、日本社会の陥った「孤独」のような状態から、温かさのある社会への回帰も可能になるであろう。

日本は豊かな自然に恵まれているとともに厳しい天災に見舞われる国でもある。だから我々はそのことを長期的な目で見て、それへの備えをしておかなければならない。もしも東日本大震災のような災害が東京や大阪などの大都市圏を襲った時に、被災者はどこでどのように避難生活を送ればよいのか、当面の熱エネルギーをどのように得るか、住宅復興のための木材をどのように調達するかなどの備えがなければならない。そのためには豊かな森林のストックを維持し、それが常に伐り出せるようなインフラの整備と優れた働き手が備わっていなければならない。これは日本が日本の自然を活かした林業国家であらねばならないということである。

そして普段から都市部と農山村との交流を深めておくことが必要である。例えば都市部の学校の生徒が、１年のうちのある一定期間を農山村の学校で学び、農山村の生徒が一定期間を都市の学校で学ぶという交流ができていれば、その繋がりを活かして都市の被災者が農山村の公的施設で迅速に避難生活を送れることに役立つであろう。日本人として、特に子どもの都市と農山村の交流は教育的に大事である。日本という国がどのようにして成り立っているのかということを知るために都市と農山村との教育的交流は重要であり、それは災害の時にも役立つものである。少なくとも都市だけで国が成り立つものではないことを人々が学べるであろう。

2　目標とする森林の姿

この2章から4章までは森林生態系に関する話を少し詳しくするために、難しいと感じられる方がおられるかもしれない。しかしここが森林・林業のあるべき姿を考える根拠になる重要なところである。森林との付き合い方において、様々な立場の人たちの合意形成を得るためには、お互いに森林生態系に関する基本的知識を持っていなければならない。これが間違っていると、いくら議論しても正しい森林・林業のあり方にはたどり着けない。正しい知識に基づいて議論することが、正しいビジョンを描き、その実践を図っていくために絶対不可欠である。

本書では、ドイツの森林・林業の優れた点を紹介し、それを参考にした議論を多く行っていく。それは、ドイツは日本と自然的、社会的条件が比較的よく似ていて、世界で最も森林・林業の進んだ国だと見られるからである。この2章から4章にわたる森林生態系の知識に基づく持続可能な森林管理に関する考えのフレームワークは、私が長年内外の研究情報を纏めて構築してきたものが中心である。私がドイツのドレスデン工科大学の林学部で講演した時のポスターには、「2001年に彼の書いた本はリオ会議以降の森林管理の理念である持続化能な森林管理に、世界で初めて科学的根拠を与えたものであろう」と書かれていた。したがってこれから論じる内容は普遍性の高いものといえるだろう。

我々は豊かな森林を育成し、様々な森林生態系のサービスを持続的に得ていきたいものである。そのためにはどういう森林を目指していけばよいのだろうか。どういう森林が好ましいのかはそれぞれの立場の人たちにとって異なる。しかし一般的に好ましい森林とは、気象災害に対して安全性が高く、生産力に優れ、長期的に見て需要への弾力性が高く、生物多様性が高く、景観的に優れ、かつその維持管理が低コストですむ森林である。しかしこれらは人間の都合から見て好ましいものを並べたものであり、これらをすべて同時に満たしてくれる森林はないことをまず知らなければならない。例えば経済的に価値の高い木を多く生産することと、生物多様性を高くすることを同じ林分で同時に満たすのは不可能であり、両者をどこまで近づけられ、調和を図れるかが大事だということである。

次章で説明するが、一つの森林で森林生態系の生産量（生産速度）を最大にすることと、森林生態系のその他の機能（サービス）を最大にすることは同時に達成することができない。生産以外の機能とは、生物多様性保全機能、水源涵養機能などである。公益的機能という言葉があるが、ここでは生産機能以外の機能を公益的機能と呼ぶことにする。なお、生産量は成長量、炭素吸収量とほぼ同じものである。

生産機能と公益的機能をバランス良く発揮させるためには、まず生産機能を第一に求める森林（これを「生産林」と呼ぶ）において、公益的機能との乖離をいかに小さく抑えるかということが必要である。そしてもう一つは、ある小流域レベルにおいて、公益的機能を第一に考える森林（これを「環境林」と呼ぶ）を生産林とバランスを取りながら、いかに適切に配置するかということも大事である。

ここで大事なことは、森林の取り扱いに応じて、森林を「生産林」と「環境林」という2つのタイプに区分したことである。それは、それぞれの目標とする森林の構造と、管理法が異なるからである。目標とする森林の構造を「目標林型」と呼ぶ。生産林の目標林型はスギなど生産対象となる樹種の構成比率が高い。一方、環境林の目標林型は樹種構成や樹齢などが多様な天然林またはそれに近い構造のものである。言葉を変えれば生産林の目標林型は人工要素が高く、環境林のそれは天然要素が高いものとなる。

上記の区分は機能の発揮の費用対効果を問うために極めて大事である。生産林はその育成管理にコストがかかっても、それによって材の価値生産が高まり収益が高まればよい。それに対して環境林は、目標林型に向けて場合によってはコストがかかることがあっても、目標林型に達したものは特に必要がない限り手を加える必要がない。このことをあえて述べるのは、従来からの林業政策は生産と環境との関係があいまいで、投じたコストの評価がはっきりしたものになっていないからである。それは日本の「森林法」の中で「森林計画制度」と対になった「保安林制度」で生産が前提的にあって、それに規制を加えて環境保全を図ろうとする性質のものだからである。規制によって動かすだけの制度からは目標とする森林の姿、特に環境林の目標林型を描くことはできない。目標とする姿が明白でなければ、費用対効果の評価の仕様がない。

保安林（制度）は17種類の保安林からなっているが、それらの区分は、区分の基準に異質のものが混在した非常に不明確なものである。例えば水源涵養保安林はかなり広域の面を捉えるものであるが、土砂流出保安林は地形・地質に応じた属地的なものである。風致保安林は上述のものとは別の性質の区分基準によるものである。そういうものが17種類あって、それらが何の階層性もなく並列的に並べられ、その区分で森林管理の政策が展開されているところに様々な混乱が生じている。

なお、水源涵養保安林は規制が非常に緩く、そこでは普通の人工林施業も行われ、20haぐらいまでの皆伐が認められているが、それでは生産林と環境林の区別もつかない。生産林においてもこのような大面積皆伐は、現在の常識からして日本列島の地形ではあってはならないはずである。日本に比べて平地林が多いドイツでも州により異なるが、皆伐面積の上限は１haか２haに制限されている。こういうことも含めて保安林制度は根本から問い直さなければならない。

「森林法」の骨格には森林計画制度があるが、そこには「計画」という言葉はあっても、「目標」とか「目的」という明確な言葉はないままできた。これが森林・林業の世界のあいまいなところである。「目標」のない「計画」とは何なのだろう。森林の時間は社会一般の尺度を超えた長いものだから仕方ないのかもしれない。だが、だからこそ目標とする森林の姿（目標林型）を描き、それに向けた計画と実践に努めることこそが森林・林業に不可欠なのである。途中で目標と計画が合わなくなれば、それに応じて計画、あるいは目標を修正していけばよいのであって、常に目標は設定していかなければならない。目標林型がないということは、森林の管理に座標軸がないということである。面積や材積だけが計画の目標ではない。そこには目標とする森林の姿がなければならない。森林・林業のビジョンを描くには目標林型のビジョンが伴わなければならない。最近ようやく目標林型という言葉が行政でも使われるようになってきたのは結構なことであるが、それに向けたしっかりした理論構成が必要である。

生産林の中には、その目標林型や扱い方においてかなり違いのあるものがある。一つは柱や板など製材用の材の生産を目標とするものである。もう一つは、主に広葉樹の萌芽更新を20～30年で繰り返して薪炭材やキノコ原木を生産するようなものである。前者は森林所有者の日常の生活との繋がりは薄く、主に生産材を市場に供給することを目的に管理されており、これを「経済林」と呼ぶ。後者は生産物を自らの生活、産業のためにまず使い、その余剰物を市場に出すなど、森林所有者の普段の生活に関係があり、これを「生活林」と呼ぶ。経済林の目標林型はより高齢で、有用針葉樹の比率が高いのが一般的である。生活林の目標林型はより若齢で広葉樹が主体である。また生活林は生活場所に近いところにあるのが普通であり、農業と一体的であることが多い。農山村ではその再評価が重要である。

「生活林」は「里山林」と呼ばれているものとほぼ同じものである。ではなぜこれまで使っている「里山林」ではなく「生活林」という用語を使うのかは、生産林、環境林、経済林という機能に基づく区分に歩調を合わせるためである。「里山林」は「奥地林」の対語であって、地理的区分の用語である。なお「里山林」は、「里山」と呼ぶのが歴史的に見て正しいという主張がある。しかし「里山」は家畜飼料の採取のための草地や、段々畑なども含めた景観として捉えられることが多いので、ここでは分かりやすいように里山林という用語を使った。

以上のように、大きくは生産林と環境林に区分でき、もう一段細かく分けると、経済林、生活林、環境林というように区分できる（図表10）。森林管理のあり方を分かりやすく整理するとこのような区分になるが、実際にはこれらの中間的な管理が好ましいものが多くあり、必要に応じてそういうものも求めていくことが大事である。上記の２区分や３区分は、森林の管理、施業の考え方を議論する時の基本としてまず踏まえるべき区分であって、それを押さえておかないと議論は混乱してしまう。目標とする典型的な森林の姿とはどういうものかは次章で触れる。

			目的とする機能	目標林型		管理・施業の特色
				林種	林分の発達段階	
機能区分	生産林	経済林	商業的木材生産機能	・人工林 ・天然生林	成熟段階を主体に一部若齢段階	生産目的と立地環境に照らした施業体系に基づく施業
		生活林	生活に結びついた多機能の発揮	・天然生林 ・人工林	若齢段階から成熟段階	目標に応じた多様な機能の並存・供給を心がけた施業
	環境林		・生物多様性保全機能 ・水土保全機能	・天然林 ・天然生林	老齢段階	自然のメカニズムを尊重し必要のない限り手をつけない

図表10　機能区分と目標林型などとの関係（藤森ら、2012）

この章で述べた、大きな目標に応じた森林タイプの分け方の考えは、「森林づくり」に関する林野行政の基本の中に採り入れられるべきである。このように述べるのは、国の森林・林業行政の基となる「森林・林業基本計画」の中に出てくる森林タイプの区分が、異質な基準のものが混在しているなど、非常に分かりにくくかつ区分の根拠のはっきりしないものだからである。そのことの説明は、多くのページを要し文脈を乱すのでここでは省くが、政策の基本にかかわる森林の区分は、できるだけ根拠がはっきりしていて、どのような立場の人たちにも分かりやすいものでなければならない。

3　森林についてよく知ること

前章で目標林型の重要性を述べた。適切な目標林型を描くためには、森林について正しい知識を持つことが必要である。否、我々が森林との正しい付き合いを進めていくためには何を

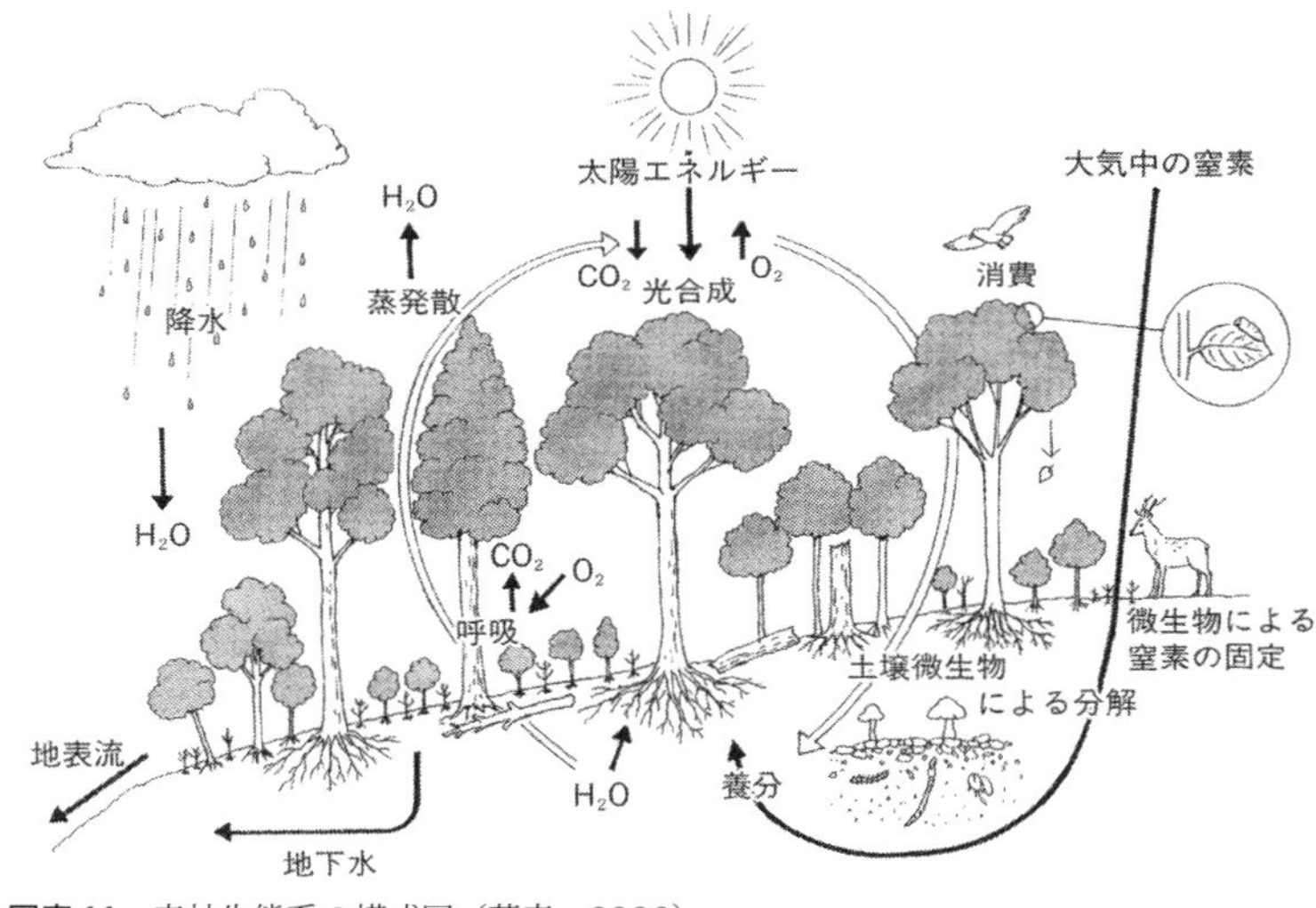

図表11　森林生態系の模式図（藤森、2006）

置いても「森林をよく知る」ことがまず大事であり、それは「森林生態系」についての正しい知識を持つことである。なぜならば我々が森林から得られる恩恵（森林生態系のサービス）は、森林生態系の機能から得られる恩恵だからである。このことは合意形成に基づいてなされるべき行政にとって不可欠なことである。

森林生態系を知ることの大事さ

「生態系」とは、あるまとまった空間に生活する生物すべてと、その生活空間を満たす非生物的環境（大気や土壌など）との間に物質とエネルギーのやり取りがあり、かつ生物同士のお互いの作用によって形成されている系（システム）のことである。抽象的で分かりにくい表現かもしれないが、図表11の模式図のようなイメージのものである。

樹木を中心とする植物は、太陽エネルギーを利用した光合成により二酸化炭素（CO_2）と水（H_2O）から有機物（$C_6H_{12}O_6$の連鎖したもの）を作り出し、その時に太陽エネルギーを有機物の中に化学エネルギーとして取り込む。光合成で生産された単純な有機物に、根から吸収された窒素、カリ、リンなどの養分元素が加わって複雑な有機物が合成される。その有機物の乾燥重量の半分は炭素（C）である。したがって樹木や森林生態系は大きな炭素の貯蔵庫といえる。このことは地球温暖化防止のために、大気中の二酸化炭素をできるだけ多く有機物体の炭素として貯蔵するのに、森林の保全が大事だということを意味するものである。

植物が生産した有機物と、その中に含まれる化学エネルギーを動物が摂取する。例えば昆虫の幼虫は木の葉を食べ、小鳥はその幼虫を食べ、タカなどの猛禽類は小鳥を食べるというように、有機物とエネルギーは生物間を伝わっていく。そして植物、動物、微生物は、自分の体内の有機物を酸素を使って分解して、化学エネルギーを生命活動のために使う。この分解作用が呼吸作用であり、これによって二酸化炭素と水が放出される。

また動植物の遺体（有機物）は土壌の微生物によって分解され、二酸化炭素、水、および窒素やカリなどの養分元素に還元される。これらを使って植物、樹木は成長していく。このようにして森林生態系の中で物質とエネルギーが循環し流れ、その中で生物は成長する。森林生態系は「生産」と「消費」と「分解」の仕組みが、見事に形成されている持続的な系なのである。

この持続的な生態系といかにうまく付き合っていくかが、我々の持続可能な循環型社会の構築にとって大事なところである。すなわち森林生態系の持続性を維持しながら、そこから木材生産（利用）などの森林生態系のサービスを得る人為的なバイパスをうまく組み込んでいく英知が、持続可能な循環型社会を構築していくために不可欠なのである。それは森林生態系の生産機能と公益的機能の調和を図りながら森林と付き合うことであり、それが持続可能な森林管理の本質である。

上記の生態系のシステムの中で木材生産を行っていることとは、苗木代以外には原料費はかかっていないということである。すなわち、木材の生産は二酸化炭素と水と養分元素（生物遺体の分解元素と微生物により固定される窒素など）によってなされるものであり、必要なのは望ましい生産対象の林木に太陽エネルギーを効率的に供給する、間伐などの技術である。生産林は、主に生産対象木によって構成された木の集団であり、それそのものが生産工場であり、生産設備なのだ。

現代のサービスの重要度

生態系機能の維持の重要度

生物多様性の保全

保健文化機能の保全

木材等生産力の保全

水資源の保全

土壌の保全

図表12　森林生態系の機能の重要度と生態系サービスの重要度との関係（Fujimori, 2001）

上の線の水平方向の相対的な長さは、人間の要求を満たす現在のサービスの重要度を示す。垂直方向の相対的な長さは、未来に向けた潜在力を保つ支持サービスの重要度と、基盤的機能の重要度を示す。

森林生態系の機能とサービス

森林生態系の機能を維持しながら、人間がその恩恵（サービス）を持続的に受けていくためには、森林生態系の多様な機能とサービスの関係についてよく理解しておくことが必要である。図表12は森林生態系の機能と、その中で人間が求める森林生態系のサービスの重要度との関係を示したものである。この図の外枠の一番上の水平方向の線における相対的な長さ（幅）は、現代における人間の要求に応えるサービスの重要度を示すものである。この図の垂直方向の相対的な長さは、未来に向けての、あるいは時代を超越しての、サービスの支持基盤としての機能の重要度を階層性を持たせて示したものである。

生態系のサービスとしては一般に木材生産

が最も大きく、それに水資源の涵養、保健文化機能の発揮などが続くのが普通である。だがそれらを持続的に発揮させ、将来世代に不都合を及ぼさないためには、森林生態系の基盤的な機能である生物多様性や土壌の保全が本質的に重要だということを図表12は示している。なぜそうなのかを説明しよう。

森林生態系の土壌は、岩石の風化した無機物と、植物・動物の遺体、動物のフン、及び生物の遺体の分解物によって形成されている。その森林の植物が豊かで生物多様性が高いほど、土壌生物（微生物とミミズなどの小動物）のエサが豊かであり、土壌生物も豊かになる。土壌生物の活動が盛んになるほど、土壌には様々なサイズの孔隙が形成されるなどしてその構造が豊かになり、保水機能や透水機能が高まり、それによって水資源の涵養機能も木材生産機能も高まる。木材生産機能も、水源涵養機能も、土壌の構造の豊かさに支配され、土壌の構造の豊かさは生物多様性に支配される。すなわち生物多様性が高いと土壌構造は発達し、土壌養分は豊かになり、それが持続可能な木材生産、水源涵養、保健文化のサービスを担保してくれるのである。このように森林生態系の機能と森林生態系のサービスの重要度の関係をよく理解して森林を管理していくことが、持続可能な森林管理の基本である。本書の持続可能な森林管理の理論の根幹はここにあることを理解していただきたい。

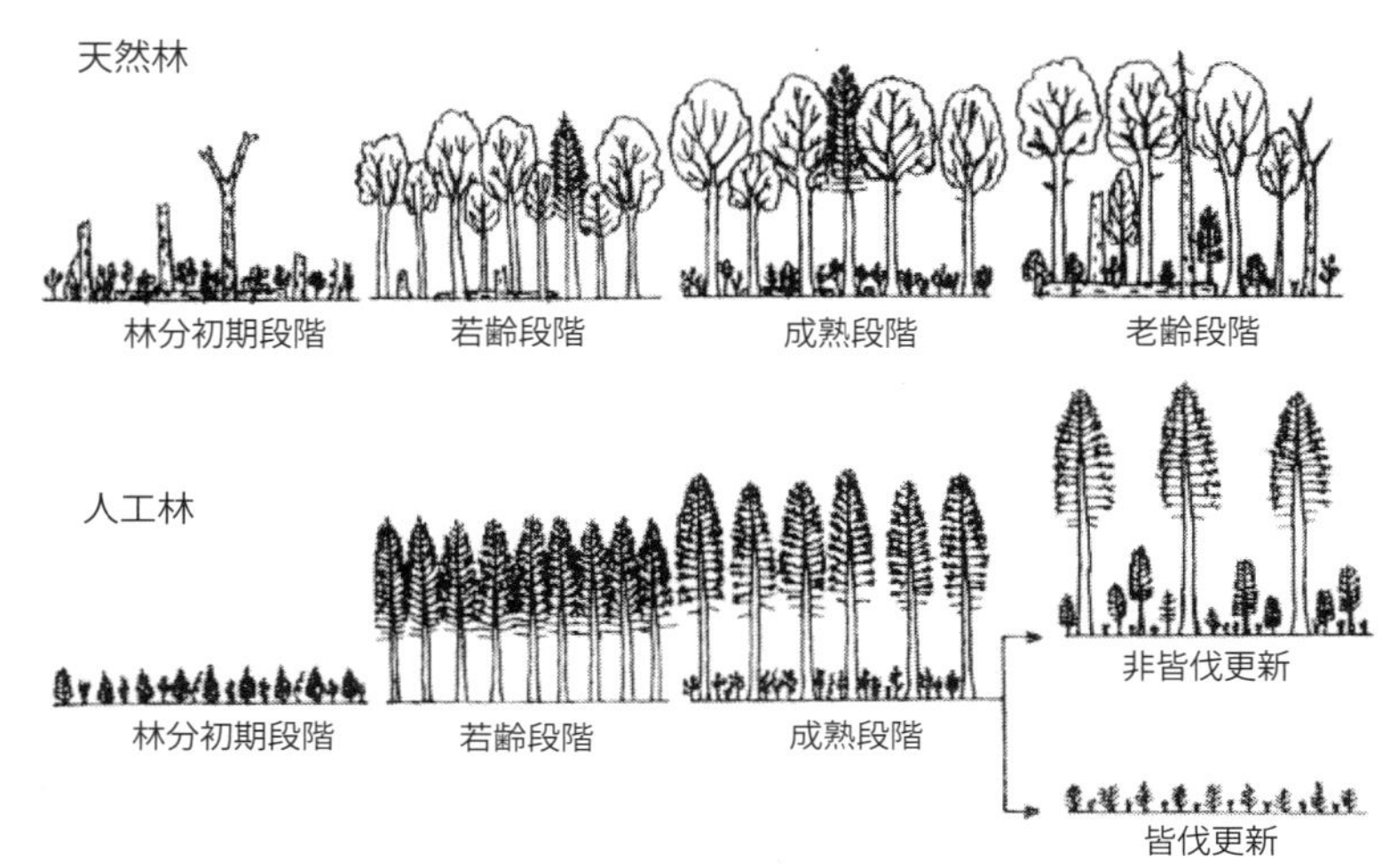

図表13　森林の構造の発達段階の模式図（藤森、1997）

森林の構造と機能

どのような森林生態系の機能（サービス）を優先的に求めるかによって、求める森林の構造は異なってくる。森林生態系の機能は表面には見えにくいが、森林の構造は誰にでも視覚的に捉えやすい。したがって森林の構造と機能との関係を分かりやすく説明すれば、どのような立場の人たちも、判断がしやすくなる。これは森林所有者から一般市民までの様々な立場の人たちが、どういう森林を求めていくべきか、合意形成を図るために大事なことである。そういうことから、ここでは「森林の構造と機能の関係」について解説したい。

森林は、時間とともにその構造は変化していく。大きな攪乱（強風、火災、皆伐など）があった後、大規模や中規模の攪乱がない状態が長く続いた場合、森林の構造がどのように変化していくかの段階的特徴によって区分したものを「森林の（構造の）発達段階」という（図表13）。図13は２００年ぐらいの範囲の構造の変化を描いたものである。攪乱からしばらくの間は草本類が優占するが、攪乱後10年前後すると次第に木本類が優占するようになってくる。木本類が優占するまでの草本類と木本類が同じ層で混ざり合っている期間を、「林分初期段階」という。林分とは、ほぼ同じような樹木の集団のひとまとまりの広がりの呼称で、森林の取り扱いを議論する時の、具体的な対象となる森林を指す。

林木が優占し、林冠（コラム３参照）が形成されると、それから40～50年ほどの間は、林冠の閉鎖度が強く、林内への太陽光の到達度は低く、林内が暗いため下層植生は目立って乏しくなる。この期間を「若齢段階」という。攪乱から50年ぐらいが過ぎると、林内は次第に明るくなり、下層植生が豊かになり、二段林的な階層構造が形成されてくる。この段階を「成熟段階」といい、成熟段階は１００年ぐらい続くのが普通である。若齢段階から成熟段階にかけて、林内が明るくなるのは、木が高くなるにつれて風による幹の揺れの振幅が大きくなり、それぞれの木の樹冠（コラム３参照）同士の摩擦衝撃が強くなるからである。それによって枝葉の先端が擦り落とされ、樹冠同士の間に隙間ができてくるのである。

成熟段階も１００年前後続くと、優勢木の中にも衰退木や立枯木が順次出現するようになり、それに伴い森林の構造が複雑になってくる。これが「老齢段階」で、大規模な攪乱がない限り老

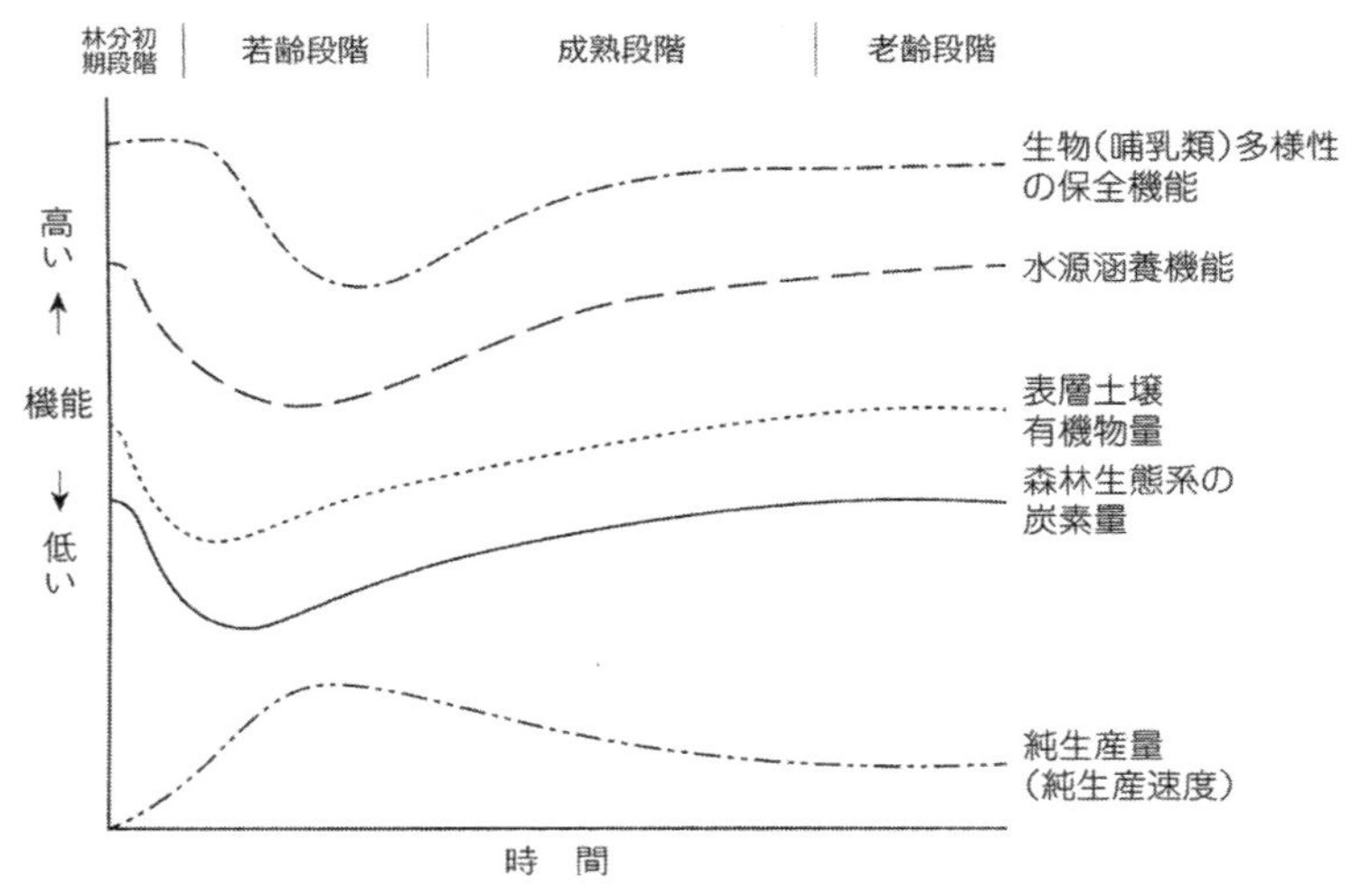

図表14　森林の構造の発達段階に応じた機能の変化（Fujimori, 2001 を一部修正）

齢林は、その複雑な構造を維持しながら、その中で世代の交代が図られていく。「極相林」といわれているものは老齢林とほぼ同じである。老齢段階の森林の大きな特色は、大径の立枯木や倒木があることである。それらがないと生きていけない生物種がたくさんあるので、老齢段階の森林が流域の随所に存在することは大事である。

森林は構造の変化とともに機能も変化していく。だから第一に求める機能（サービス）によって、その目標とする森林の姿を、「森林の発達段階」のどの段階に置くかということが重要になる。したがってここから「森林の発達段階と機能の変化の関係」について説明していく。

森林の発達段階に伴い、森林生態系の機能

（サービス）がどのように変化していくかを示したものが図表14である。縦軸は機能の高さの程度を示すもので、それぞれの機能が森林の発達段階に伴ってどのように変化するかを示すものである。図上の５本の線はその上下には何の量的関係はなく、見やすいようにそれらを図上に一定間隔を設けて並べてある。縦軸は相対的に高いか低いかを示すだけのものであり、絶対値を示すものではない。それぞれの線が時間とともにどのように変化するか、変化のパターンを比較して見ることが重要である。

図表14を見て一目で分かる大きな特色は、「純生産速度の線」と「他の機能の線」とは、変化のパターンが全く異なることである。この事実は森林管理を考える上で極めて重要な意味を持つ。すなわち、最大生産量を求めるのと、生産以外の公益的機能を最大に求めることはお互いに相いれない関係にあるということである。この事実は明治時代から、あるいはそれ以前から信じられてきた、「成長の旺盛な森林を作ることは、他の公益的機能も同時に高めることになる」という、生産中心のいわゆる予定調和論を科学的に問い直す。

「純生産速度」は時間当たり（一般に1年間）の森林植物の「純生産量」のことである。純生産量は、総生産量（光合成量）から呼吸消費量を引いた値で、ほぼ成長量に当てはまる値である。純生産速度は「炭素の吸収速度」と比例し、１年間の「幹の成長量」とも比例する。したがって純生産速度は木材生産速度を示すものである。

図表14によれば、純生産速度は若齢段階の後半頃に最大値を示して、成熟段階で漸減して、老齢段階で相対的に低い水準で安定的になる。しかし最近の研究によれば、純生産速度はこの図で示したものより成熟段階以降の低下の度合いが小さく、老齢段階でももっと高いレベルであるという報告がなされている。このことからすると、「成長の旺盛な森林を作ることと、他機能を高めることとの乖離を小さく抑えることは可能である」といいやすくなる。

生物多様性は若齢段階で低い。それは若齢段階では森林の構造が最も単純で、植物種も少なく、動物にとって、餌場、営巣場所、隠れ家などが乏しいからだと考えられる。水源涵養機能は林分初期段階から若齢段階まで低い。林分初期段階で水源涵養機能が低いのは、攪乱後すぐに表層土壌が流亡したり、表層有機物が分解する速さに落葉などの有機物の供給量がまだ追い付かないからである。若齢段階で水源涵養機能が低いのは、林冠が強く閉鎖すると降雨量の内、林冠に遮断される量（林冠から蒸発する量）が大きくて土壌に到達する降雨量の比率が小さくなること、成長の旺盛な木々は蒸散量も大きいこと、土壌構造がまだ発達していないことなどが理由としてあげられる。

森林生態系の炭素貯蔵量は、林分初期段階から若齢段階にかけて最小になり、成熟段階で増大していって、老齢段階で高い水準で安定的になる。森林生態系の中で、少なくとも成熟段階以降においては、炭素貯蔵量が最も大きい場所は土壌である。森林の発達段階に伴う生態系の炭素貯蔵量の変化のパターンが、生物多様性と水源涵養機能の変化のパターンと同調することに注目すべきである。生物多様性や水源涵養機能の高い森林は、炭素貯蔵量の大きな老齢段階の森林である。

炭素の吸収速度（純生産速度）と炭素の貯蔵量の変化のパターンは相反する。炭素の貯蔵量（有機物の貯蔵量）が減少すると、それを補充するために炭素の吸収速度が高まると考えれば分かりやすい。温暖化防止のために炭素の吸収速度を高めることを日本の行政は強調しているが、地球温暖化防止のためには、炭素の貯蔵量を高めることと、炭素の吸収速度を高めることの両方を調和させる形で考えていかなければならない。

以上に見てきた「森林の構造の発達段階に応じた機能の変化」の傾向を把握することは、森林管理に不可欠な目標林型に、座標軸となる指標を与えるのに非常に重要である。

目指すべき姿は「構造の豊かな森林」

上述の「森林の構造と機能の関係」の解析から、持続可能な森林管理のために目指すべき森林の姿は、「構造の豊かな森林」であるという結論にたどり着く。環境林はもちろんのこと、生産林においてもできるだけ「構造の豊かな森林」を目指すことが大事だということである。これが本書の主張する非常に大事なところである。

環境林では、天然林または天然生林への誘導・維持によって構造の豊かな森林を実現できる。生産林（経済林）では人工林または天然生林の長伐期・多間伐施業、さらには択伐林（複相林）施業、混交林施業によって構造の豊かな森林へ誘導し、維持回転させていくことができる。林業にとっての優れた生産設備は構造の豊かな森林である。いずれにしても持続可能な森林管理は、構造の豊かな森林を目指すことと密接である。これは非常に重要なことである。

4 目標林型の求め方

図表14を見ながら「森林の構造と機能の関係」を説明してきた。この関係をよく知ることの意義は、それによって第一に求める機能（サービス）ごとに、どのような構造の森林を目標林型にするのがよいかが理論的に議論できることである。繰り返し述べるが、目標林型がないのに管理や施業のまともな計画があるはずがない。目標林型の例は74頁の図表10に整理した通りである。

ここまで述べてきたように、森林生態系のサービスの中で、生産機能（特に木材生産）とその他の公益的機能（水源涵養、生物多様性など）は性格が異なり、目標林型も異なる。逆にいうと目標林型が異なるから、「生産林」と「環境林」という大きな区分が必要なのである。大きな区分をして、その後は必要に応じてその中間の様々な調和を求めていけばよいのである。

木材生産量を最大にしようと思えば、植栽から主伐までの全期間の年間の平均成長量が最大になる段階で主伐すればよい。それは図表14の成熟段階の中頃のようである。全期間の平均成長量でなく、年間成長量が最大になる頃に主伐をするとすれば、それは40～50年生の頃であり、現在行政が奨励している伐期はこの林齢の頃のものである。だがそうすると、伐期までの全期間の平均成長量は低い段階で伐ることになり、またそれは生物多様性、土壌構造、水源涵養機能などの最も低い期間の繰り返しを強いることになることが図表14からよく分かる。40～50年生位までで皆伐の主伐を繰り返す伐期を短伐期とすると、短伐期の繰り返しは持続可能な森林管理に反することになる。経済林の目標林型は成熟段階の中盤以降に置く、すなわち１００年以上の伐期で森林を回転させていくのが望ましいということである。

間伐を重ねてきた１００年生以上の森林には、皆伐ではなく抜き伐りを重ねていって、非皆伐の複相林で回転させていくという選択肢がある。それは経済林における公益的機能との乖離を最小限に持っていく道である。広葉樹も混ざった混交複相林に持っていければ理想的であり、できればそういう森林を目指したいものである。これは生産と環境が最も良く調和し、生産林といえども環境林的性格を備えている。それを可能とするためには優れた技術者の育成が不可欠である。

経済林は利用価値の高い材の生産を目的とするので、せっかく育ててきた大径木が衰退したり枯死したりすることは目的に沿わない。したがって経済林においては、老齢段階の構造は一般的には目標林型にはならない。だがヨーロッパの林業先進国では、多くのところで経済林であっても大径の衰退木や立枯木を部分的に残そうとしている。このように経済林であっても老齢段階の要素をできる範囲で採り入れる、近自然の施業法（ドイツでは近自然林業と呼び、それを目指している）まで視野に入れていくことが好ましい。それができなければゾーニングで老齢段階の森林（環境林）の配置を担保すべきである。

生活林は、主にエネルギー、キノコ原木などの生産を目的とし、胸高直径が20㎝ぐらいまでの小径材を萌芽更新で回転させていくものが主体であり、その目標林型は若齢段階の広葉樹林である。若齢段階の繰り返しは公益的機能を低下させるので、生活林の場所は緩傾斜地とすべきである。生活林は農業と林業の中間的な性格のものとして評価すべきで、生活林を再生させることは豊かな農山村を再生させる大事な要素である。これについては改めて触れる。

環境林の目標林型は、炭素貯蔵量が高く、生物多様性が高く、土壌構造が発達し、水源涵養機能が高い老齢段階に置くことが望ましい。それは天然林として自然のメカニズムに任せていくということである。それが機能の費用対効果を最も高くする道である。ただし環境林は全く手を付けてはいけないというのではなく、基本的な考えとしてできるだけ自然の状態を評価するというものである。環境林は大きな面積のものが纏まってあることも望ましいが、小面積のものが随所にあることも好ましい。多くの生物にとって、生息場所や活動場所として必要な河川沿いには、渓畔林や水辺林などとして環境林を適切に配置するなどの配慮は大事なことである。

５　合意形成のプロセスと科学的根拠

前章で「森林についてよく知ること」を強調し、特に「森林生態系の構造と機能」について少し詳しく話をした。その理由は「様々な立場の人たちの合意形成」に科学的根拠が必要だからである。一つの林分で森林生態系の生産力を最大にすることと、その他の機能を最大にすることを同時に完全に求めることは無理なことを知り、その上で両者の調和をいかに図っていくかを求めていくことが持続可能な森林管理にとって大事なことである。そのための知恵を働かせるためには森林生態系の機能をよく知らなければならないのである。森林は木材の供給源であり、森林所有者の多くは木材を生産して利益を得たいと思う。だが一般の市民や国民の多くが森林に対して期待する優先順位の高さは、森林の環境保全など公益的機能の高度発揮の方である。

政治や行政にとって基本的に大事なところは、相反する意見や要求を持つ人たちの合意形成を得ながら両者の調和を図る施策を進めていくことである。生産、環境、文化の絡み合う森林・林業に関する合意形成は簡単なことではない。だからできるだけ科学的根拠に基づいた合意形成を図ることが必要である。たしかに森林から得られる精神性や文化などの側面は自然科学的に立証できるものではない。しかし生産と環境に関しては何が同調し、何が同調しないかなどの多くは科学的根拠によって議論し、調整、調和を図っていけるものである。3章の3節のように「森林の構造と機能の関係」をよく理解することはそのために大事なことである。

１９７０年代から、それまでの経済発展、開発、生産力向上がすべての価値観であったのを反省し、環境保全も考える機運が国際的に広まってきた。その流れの中で市場原理の力の強いアメリカでも、林業会社、州、連邦政府などによる天然林の大面積皆伐に対する批判が市民、国民から噴出し、訴訟、裁判が繰り返された。アメリカにおいて１９８０年代は訴訟と裁判の時代といわれたが、10年に及ぶ裁判の結果は、原告と被告ともに生態系に関する知識とデータが不十分であり、それではいくら議論しても不毛であるというものであった。すなわちデータに裏付けられた正しい生態的知識に基づく議論が必要だということであった。そのために両者の主張を採り入れた様々な管理施業を実践しながら、モニタリングを継続し、そのデータに基づき議論を続け、修正すべきところを修正しながら持続可能な管理に向かっていくことが必要だという結論を得た。アメリカではこのような森林管理のあり方を「エコシステムマネージメント」と呼んだが、このエコシステムマネージメントの考えはその後国際的に強い影響を与えた。

１９９２年のリオ・デ・ジャネイロにおける国連会議で「持続可能な森林管理」がキーワード

となった。そこで持続可能な森林管理とはどういうものかが国連傘下で議論され、その考え方のフレームワークがヘルシンキプロセスとモントリオールプロセスの基準と指標によって示された。ヘルシンキプロセスとはＥＵ加盟国によるもの、モントリオールプロセスはＥＵ以外の温帯林（北方林も含む）諸国で作成されたものである。両プロセスには多少の違いはあるが、性質はほぼ同じである。このプロセスというのは、合意形成のために必ず踏まえなければならないプロセスということである。プロセスの議論において必ず踏まえなければならない要素を「基準」と呼び、その基準をより具体的に示す複数の要素を「指標」と呼び、プロセスのフレームワークはこの「基準」と「指標」で示されている。

わが国も加盟しているモントリオールプロセスを例にして、プロセスのフレームワークを説明しよう。基準は「生産力」、「生物多様性」、「水資源の涵養」、「炭素循環」、「経済・雇用」、「環境」、「文化」などである。さらにそれらの基準の適正な発揮を支援する「法律・制度」が、最後の基準として位置付けられている。それぞれの基準の中の指標の例として、「生産力」の基準の中に「持続可能と決定される量と比較した、木質生産物の年間伐採量」など複数の指標があり、「生物多様性」の基準の中には、「森林に依存する種の数」など複数の指標がある。

持続可能な森林管理がなされているか否かは、これらの指標をモニタリングして、基準が好ましい方向に動いているか否かを判断し、さらにすべての基準の動きを比較検討することによって

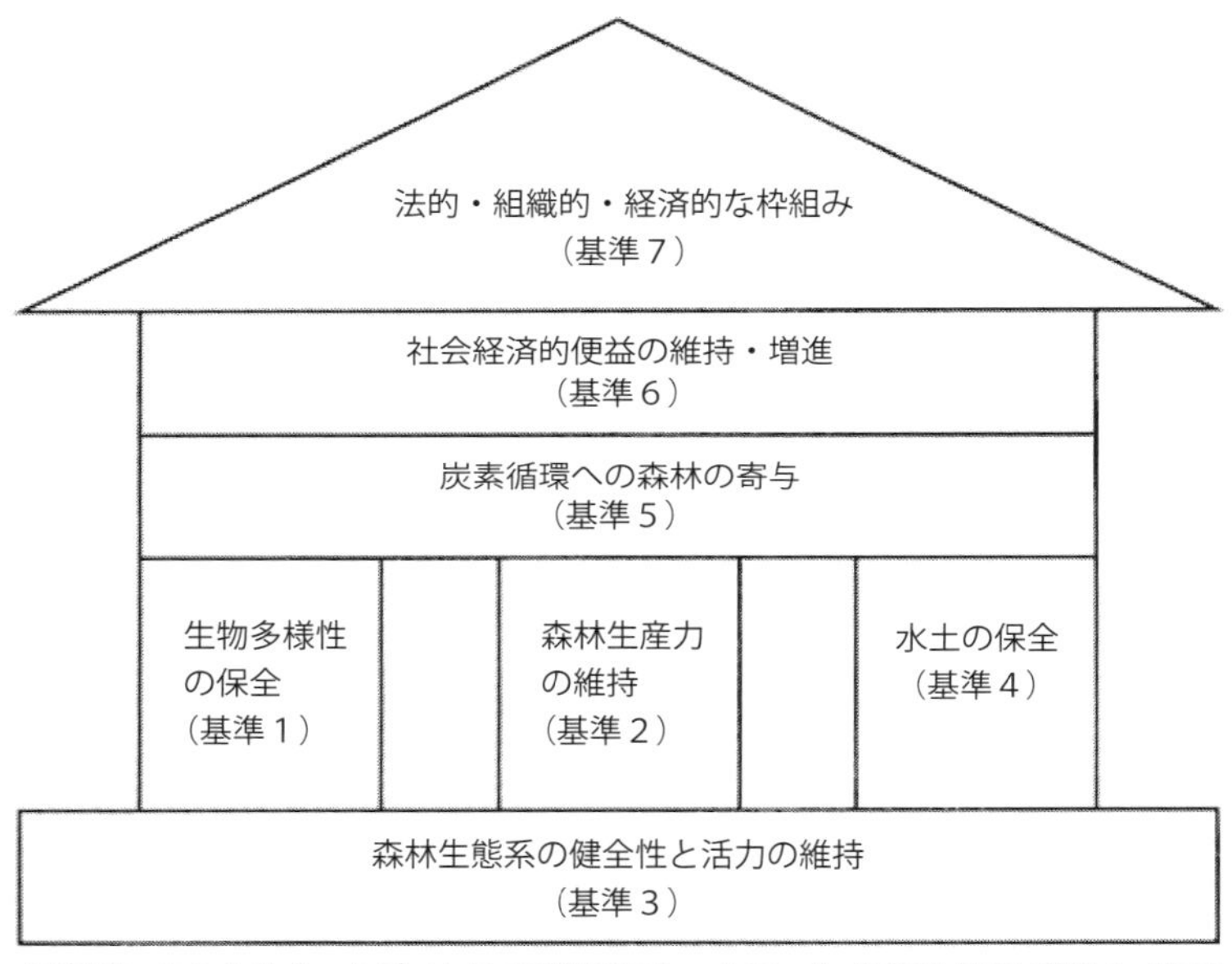

図表15　モントリオールプロセスの基準のフレームワーク（1997年の国際シンポジウムでMaini氏が示した図を藤森が一部修正）

総合的に判断しようとするものである。これらの基準と指標のフレームワークは図表15の通りである。この図は建物の構図を模したものであるが、土台から柱にかけての若い数字の基準は、生態系の機能に関する基準であることに注目する必要がある。そしてその上の梁や桁の位置に社会・経済・文化的な社会のニーズに関する基準がある。その中に林業があるのであり、林業を論じるには生態系の機能を踏まえて論じなければならないということを明らかにしているのである。そして基準の1から6までを調和的に発揮させていくためには、法的・経済的・組織的な枠組みが必要だということである。森林管理に関する行政者はこのようなフレームワークをしっかりと頭に入れて業務に当たることが必要である。また森林所有者、一般市民もこのような構図を理解することが必要である。

持続可能な森林管理という理念に向けての合意形成に、このようなプロセスは不可欠である。日本において森林・林業が国民からかけ離れたところにあるのは、このようなプロセスへの理解が不足しているところが大きい。３章で「森林についてよく知ること」をかなり詳しく書いたのは、それが合意形成のプロセスに必要だからである。現在の日本の「森林法」や「森林・林業基本法」は、このようなプロセスの構図を参考にして改正されていくべきである。

６　日本の自然、森林との付き合い方

多くの日本人は、世界の森林の中で日本の森林がどういう特色を持っているのかを知らないでいる。一般の人たちはともかく、林業家や林業関係者の多くもそうであるのは嘆かわしい。日本の自然と本来の森林の姿の特徴を知っておくことは、日本の各地において、森林生態系の多様な機能を持続的に発揮させ、生産と環境の両方のサービスを調和とともに引き出していく持続可能な森林管理のために不可欠である。またグローバルな市場経済の中で、外材との競争に対応して

いくためには、自国の自然環境をよく知り、長い目で見て最も低コストで、利用価値の高い材を合理的に生産していくことを考えなければならない。日本の自然と森林の特色を知ることは、日本という国を知るために基本的に大事なことである。

日本の森林の特色を作る夏の多雨

日本は中緯度にあって、世界最大の大陸であるユーラシア大陸の東岸に接し、世界最大の海洋である太平洋の西端に位置し、両者の気団の影響を強く受ける典型的なモンスーン地帯にある。また日本列島に沿って暖流の黒潮と寒流の親潮が流れている。この季節風と海流と、脊梁山脈の山岳地形とが影響して、年間を通して雨が多く、夏は高温多湿であることが日本の気象条件の大きな特色である。そういうことから日本は世界の温帯の中で最も水分条件に恵まれた国である。このため、日本は森林の豊かな国となり、そのことは林業を行う上で基本的には有利な国である。

だがグローバルな市場経済の中で林業を考える時には、逆のことも考えなければならない。雨が多くて年間を通して概して温暖で、特に夏高温多湿になるということは、スギやヒノキやカラマツだけにとって好適な生育環境ではないということであり、多様な植物間の激しい競争があるということである。皆伐をしてスギやヒノキを植えれば、その場には多種多様な陽性の草本類や木本類が繁茂する。皆伐面はスギやヒノキよりも、他の初期成長の早い植物にとって好適生育環境なのである。

したがってスギやヒノキなどの更新には下刈りやつる切りの初期保育経費が多くかかり、日本の育林経費は他の温帯諸国のそれに比べて10倍ぐらい高いということを知っておかなければならない。コストのかかる初期保育の頻度を高くする、短伐期の皆伐施業は日本の林業には合わない。１９６０年頃までは農山村に人が余っており、労賃も安く、下刈り・つる切り頻度の高い短伐期皆伐施業が可能であった。また、下刈りされた草は家畜の餌になるというメリットもあった。しかし今は社会環境が変わったし、今後も元に戻ることはないであろう。

日本の自然と森林の特色を、世界の温帯の他の林業地のそれと比較してみよう。１９６０年の木材の関税撤廃の後に日本の林業を最も圧迫したのは、アメリカから輸入されたベイマツ（ダグラスファー）とベイツガ（ウエスタンヘムロック）である。これらの生育地であるオレゴン州や、ワシントン州の太平洋側は、大陸西岸気候で夏涼しくて乾燥し、冬温暖で雨が多い。この生育環境は同じ温帯でも日本とは逆である。夏涼しくて乾燥するということは針葉樹の生育にとって有利である。針葉樹が緯度や標高の高いところに多いのは、寒さを好むためではなく暑さを嫌うためである。夏の乾燥にベイマツやベイツガは耐えられるが、広葉樹や草本類は耐えられない。そのためこの地域はベイマツやベイツガなどの針葉樹の広大な森林帯なのである。冬温暖で

図表16　ベイマツの天然更新（アメリカ・ワシントン州のカスケード山脈地帯）
皆伐面に周辺の木から飛散してきた種子により、ベイマツが天然更新している。草本類は夏の乾燥によって枯れるので、下刈りは不要である。

多雨であることは、冬の寒さのストレスが少なく、光合成も十分にできる。それが、春から夏にかけての、旺盛な生育を促すのである。ベイマツなどの単位面積当たりの生産量は、スギの少なくとも数倍ぐらい高い。

夏の少雨という北米西部と欧州の好条件

そういう環境のところだから、数ヘクタール以内の皆伐であれば、伐採跡地に周辺からベイマツやベイツガの種子が飛んできて天然更新する。より成林を早めるために苗木を植栽することの方が多いが、いずれの場合も他の植生が夏の乾燥で育ちにくいので下刈りの必要はない。ベイマツやベイツガは林業的に有用な樹種なので、オレゴ

図表17　皆伐後のスギ苗木植栽地に繁茂する雑草木
スギの人工林を皆伐してスギの苗木を植栽したが、下刈りが不十分のために雑草木に覆われてしまっている。

ン州やワシントン州の太平洋側は林業には大変有利である。
　南半球のニュージーランドやチリなどもオレゴン州、ワシントン州と環境が似ており、アメリカ西部から導入したラジアータパインやベイマツなどが原産地以上によく育って、林業が主要産業になっている。ヨーロッパも大陸西岸気候で、寒暖の差が比較的少ないが、オレゴン州、ワシントン州ほどには夏に乾燥しないので、天然林ではブナやナラなどの広葉樹とトウヒやモミなどの針葉樹が混交して生えており、その点では日本と近いところがある。ただ日本と違うのは、目的樹種の更新を妨げるササ、シダ、ススキなどのような南方系の生育の旺盛な手ごわい植生がないことである。また日本にはクズなどのつる植物が非常に多く、これも目的樹種が成林するまでの大きな妨げになっている。日本では皆伐更新すると手間とコストのかかる下刈り、つる切り作業を植栽後7、8年目までに、少なくとも5回以上（普通は7、8回）は必要とするのが普通である（図表17）。

夏に高温多湿になる日本は、ほとんどのところで広葉樹を主体に非常に多くの樹種や草本類が旺盛に繁茂する。天然の状態では、スギやヒノキは落葉広葉樹の中に群状か単木状に混交して生育している。夏に高温多湿になる場所で生育できるスギやヒノキは、針葉樹の中で特別な進化をしてきた樹種ではあるが、天然では決して純林で広がることはない。本来そういう自然環境である日本において、スギやヒノキの純林を造成して林業を営んでいることは、かなり特色があるものだということを認識しておく必要がある。

日本の自然のもう一つの特色は、台風の常襲地帯で、強風による攪乱を受けやすいということである。また台風と梅雨末期の豪雨は、洪水や斜面の崩壊による攪乱を起こしやすい。このように攪乱頻度が高いということは攪乱場所を好んで生育する植物種も多く進化していて、それも生物多様性を高くしている。さらにまた、日本の地形は、北海道と東北を除くと一般に複雑急峻である。それが日本の自然を一層複雑にし、生物多様性を豊かにしている。またそのような地形は森林作業道の作設、維持管理に高い技術を必要とする。

本格稼働前に生産設備を売り払ってしまう愚かさ

林業経営を有利に展開させるためには、投入経費をできるだけ少なくし、売上収入を多くすることが必要である。自然条件が複雑で生物多様性が際立って高い日本において、長期的に見て投入経費を小さくする最適の方法は、下刈り、つる切りなどの初期保育の経費を少なくすることである。そのためには長伐期にして保育経費を減らしながら、間伐収穫を多くしていくことが有利である。ここで50年伐期を2回繰り返す施業体系と、１００年伐期1回の施業体系を比較してみよう。50年で皆伐し新植すると、それから10年近い間は成長の早い雑草木の好適生育環境になり、下刈り・つる切りの多大な作業を必要とする。しかし50年で皆伐しないで10年間隔ぐらいの間伐を引き続き進めていくと、間伐で空いた生育空間では、残存木が優先的に十分に光を利用できてよく成長し、余剰の光は下層植生に届いて、構造が豊かで生物多様性の高い森林が形成されていく。そこでは残存木と下層植生は競争することなく上下に棲み分けて共存できる。残存木が成長して上層の空間が乏しくなってくれば、また次の間伐で収穫を得て新たな生育空間を作っていけばよいのである。そのようにして形質のよい木は順調に成長を続け、優良な大径材が生産されていく。

１００年伐期1回の施業の方が50年伐期2回に比べて、植栽、下刈り、つる切り経費が半分ですみ、主伐と間伐の収穫材積合計は、１００年伐期1回の方が50年伐期2回よりも何割も高い。

さらに材の価値生産も加味すると、１００年伐期1回の方がはるかに有利である。間伐の伐出経費が主伐（皆伐）の伐出経費よりも高くつくということを考慮しても、50年伐期2回よりも１０0年伐期1回の方がはるかに有利である。要はいったん成林してしまえば、長伐期多間伐施業にして、その生産設備である林分の資産運用をうまく図っていけばよいのである。せっかく形成されてきた森林生態系の生産設備を、50年ぐらいでご破算にしてしまうのは全くもったいないことである。生産林は、生産対象物の樹木の集団だというだけではない。その集団そのものが森林生態系としての生産設備なのである。短伐期の皆伐施業の繰り返しは生産設備の機能を低下させていく。

間伐は継続的な収穫行為であるとともに、残存木の形質成長を高め、林分構造を豊かにし、生物多様性を高め、生産力の持続性を維持する。だから一度形成された人工林の生態系をできるだけ長く維持しながら間伐収穫を繰り返していくことは、低コスト林業の上からも、生産の持続性の上からも、多面的サービスの発揮の調和の上からも望ましいことである。それは3章3節と4節で強調した「構造の豊かな森林を目指すこと」である。したがって理想としては、間伐を繰り返していって、やがて生じてくる、再閉鎖のできない大きな空間に次世代の木を更新させていく、非皆伐の複相林施業に移行していくことが望ましい。さらにその更新には広葉樹も含めて、針広混交の複相林にしていくことが望ましい。それが日本の自然に合った、生産と環境の調和し

図表18　スギと落葉広葉樹の天然生の混交林（広島県廿日市市吉和）
スギと落葉広葉樹を択伐収穫し、天然更新が図られてきている。

た、時代の変化に対して最も柔軟に対応していける低コストの林業を保障するものだといえる。技術者のレベルからそれが難しいとしても、長伐期多間伐施業は必要である。だが、優れた技術者を育成するという目標を持つということこそ重要である（図表18、19）。

長伐期施業への道を阻んでいる大きな要因は、森林所有者への相続税である。相続税を払うために道半ばにして主伐を余儀なくさせられるのは、林業にとっても公益的機能にとっても大きな損失である。森林への相続税は、森林・林業の本質が社会に理解されていないことによるものであり、その制度の改善が強く望まれる。

上に日本の自然、森林の特色と、それとの持続的な付き合い方について経済林を中心に

図表19　スギとヒノキの複相混交林（愛媛県久万高原町、岡信一氏所有林）
岡家の高度な技術で複相林施業が行われている。

述べた。これに生活林、環境林の適切な配置と、それぞれへの適切な付き合い方を考えていくことが必要である。これを可能にできるか否かはすべて日本人の知恵と技術力と、優れた林業技術者を育成できるかにかかっている。工業分野など様々な分野で発揮している日本人の秀でた能力からすればそれができないはずはない。本書が一貫して求めているのは、日本の森林と正しく付き合える林業技術者と経営者の力である。

7　森林を扱う技術者と経営者

技術者とそのリーダーの必要性

行政者がどんなに良い政策を立案しても、研究者がどんなに良い研究成果を出しても、森林の現場で働く優れた技術者がいなければどうしようもない。現場の作業に携わる人は技能者と呼ばれることが多い。そこで「技術」と「技能」の違いを国語辞典で調べてみると次の通りである。「技術」というのは、「自然に人為を加えて人間生活に役立てるようにする手段であり、そのために開発された科学を応用する手段」とされている。それに対して「技能」とは、「主に筋肉や神経系統に関連する能力で、反復訓練によって習得可能な能力」とされている。林業でいうと間伐の選木はより技術的であり、チェンソーによる伐倒作業はより技能的だといえる。このように林業の現場の作業は、技術と技能が一体的であり、本書ではこれまで、技術・技能者と呼んだり、それらを合わせて技術者と呼んできたが、ここからは両方を合わせて「技術」、「技術者」と呼ぶことにする。

現場の林業技術には植栽、保育、間伐の選木、伐倒、集材、搬出などがあり、また伐倒・集材のための森林作業道（以下、作業道）の作設・補修、伐倒・集材機械の選定・操作などがある。これらの技術には生物学的、生態学的、地質学的、工学的知識と経験を合わせた考察力と判断力が必要である。またそれらの個別技術と全体技術を通して経営判断力が必要である。ここのところは特に経営者に強く求められるが、現場技術者と経営者の間では常なる意思の疎通が必要である。このように林業の現場技術は実に高い能力を必要とするものであり、日本の林業が再生し、林業国家になり得るためには林業技術者の育成こそ最も重要である。この林業技術者とは、現場の作業技術者からフォレスターのような技術者のリーダーに至るまでのものである。

私はこれまでずいぶん多くの現場に接してきたが、日本の林業の現場には技術者といえる人が少ない。技術には理論がなければならず、なぜそれがそうであるのかを自ら考え、人に分かりやすく言葉で説明できなければならない。私の経験では1980年代までは民間の林業家の方々には、熱心で優れた技術者が多かった。1970年代までは国有林にも現場技術に通じた技官がいた。それが林業の不振から森林所有者の経営意欲が低下し、林業を担うべき技術者が減ってしまった。

しかし林業技術者不在の底流は、明治維新以来の近代化を進めてきた日本社会の中で、林業の現場の泥臭い仕事は遅れたものと見る風潮が高度経済成長期以降に加速されてきたことによるものと私は考えている。一方、日本がその西欧文明を採り入れた主な国であるドイツは工業国であるとともに林業国でもある。ドイツ国民は、林業は高い技術を要するものと考えており、時間をかけて育成された林業技術者を尊敬している。日本は明治時代から昭和初期にかけてドイツから林学を学び、林業政策や林業技術を採り入れ、日本のものと融合させ、それなりの成果を上げてきた。だがドイツにおけるような優れた林業技術者は日本では育たないできた。ドイツだけでなくオーストリア、スイス、スウェーデン、その他多くのヨーロッパ諸国に比べても遠く及ばない。これは日本の近代化政策がそれを急ぐあまりに農山村政策が犠牲にされ、農山村で働く技術者を育成する教育制度の整備がまともになされてこなかったこと、農山村で働く人たちに対する敬意のようなものを日本国民は持ち得てこなかったことによるものと思う。

後で改めて検討するが、林業に関する日本の行政者はどんどん現場から離れたところで仕事をするようになり、林業の専門家といえる公務員はほとんどいなくなってしまった。ドイツをはじめとするヨーロッパ諸国、あるいはアメリカやカナダなどに存在する公のフォレスターのような技術者が日本にはいないのである。また現場で作業する技術者を公が育てる職業訓練教育（学校）の設立もなされないままにきており、現場の作業技術者が誇りを持てる環境もできていない。森林国日本において、これは国の資源を活かせていないあまりにも大きな損失である。

優れた民間の林業技術者・経営者

日本にも、優れた民間の林業技術者は多くいる。ただそういう人たちを活かしていく政策が不十分なために、点在する技術者を面に広げるまでにはできていない。大阪府の自伐林家、大橋慶三郎氏は１００haの針葉樹人工林を経営している。大橋氏は、終戦直後に先代から引き継いだ、まだ下刈り段階の初代ヒノキ人工林に保育を重ね、作業道の路網を整備し、間伐収穫を重ねて林業経営の基盤を築いてきた。現在80年生前後を中心とする見事な森林が成立しているが、ここまでの経営と作業技術、特に作業道づくりの技術の創意工夫は、多くの優れた林業家に強い影響を

図表20　大橋慶三郎氏所有林の作業道とヒノキ人工林（全国林業改良普及協会提供）

与えてきている。大橋氏は長期的に見た経営戦略の中で、自然に逆らわない合理的な作業道づくりをしながら間伐収穫を重ねて経営基盤を築いてきた。作業道づくりは山を這いながら、あるいは航空写真を見ながら地形、地質、水の出やすい場所などを把握して行われ、自然に即し、土木工学的にも理にかなっている。間伐も、台風被害の経験などを活かしながら、気象災害に強く、形質に優れた木がよく育つように、かつその時々の間伐収入も高められることを考慮して選木している。その結果、年月とともに見事な路網を伴った豊かな森林生態系、すなわち林業の経営基盤が形成されている。大橋氏の技術は日本国内のみならず国際的に見ても傑出したものである。

このように優れた経営者であり技術者である大橋氏は、一度だけ補助金をもらったことがあるが、その後は補助金をもらっていない。補助金をもらうと、それに伴う様々な技術上の制約を受け、創意工夫の機会を奪われるからだという。このことは日本の林業の補助金のあり方をよく考えなければならないことを示している。すなわち経営者、技術者の創意工夫の芽を摘む補助金であってはならないということである。大橋氏は補助金なしで現状を乗り切るのはしんどいということで、アパート経営との複合経営をしているが、あくまで林業が本業であるという自覚を持っている。林業は時代を超えて社会に不可欠なものであり、良い森林を後世に残していかなければならないという強い信念を持っているのである。このような優れた自伐林家をどういう形で支援するか、行政は積極的に考えるべきである。

岐阜県の古川林業は江戸時代から人工林を造成して林業経営を行い、現在の経営者の古川秀樹氏は７代目である。森林の所有面積は約１５００haで、そのうち３分の２が人工林である。その優れた路網の整備や、長伐期多間伐施業の高蓄積の森林は、歴代経営者の長期的ビジョンとたゆみない技術の研鑽の賜物である。それにより現在の厳しい林業事情の中で耐えられる、未来に繋がるポテンシャルを有している。

徳島県で１００haの山林を家族で経営する専業林家の橋本光治氏、奈良県吉野町で清光林業株式会社を経営する岡橋清元氏、山梨県で集約化の委託事業を中心に経営する有限会社藤原造林代表取締役の藤原正志氏らは林業事情が悪い中でも創意工夫を働かせて経営を成り立たせている。皆、大橋氏から根拠を明確にした作業道づくりなどの技術や、林業に対する考えを学ぶことによ

図表21　速水林業のヒノキ林（三重県紀北町）
130年生の大径木からなる見事な成熟林である。適切な選木による間伐がなされてきたために、樹冠がしっかりと展開し、気象災害に強く、大径の良質材が生産される。

って林業経営の道を切り開いてこられたと異口同音に述べている。彼らは長伐期多間伐施業を基本にして、さらに複相林施業も将来の視野に入れて、それぞれの地域の実情に合うように工夫を加え、その普及にも貢献している。全員に共通しているのは、学んだ通りにすればよいということではなく、学んだことを自分のところの立地環境に合うように工夫するとともに、その後も学び続けていることである。その向上心は彼らの職場の現場で働く人たちにも行き渡っている。

三重県紀北町の速水林業（速水亨代表）は、江戸時代からの所有林を、先代からの伝統的な技術や経営を引き継ぎながら、常に内外の林業情勢を解析するなどして様々

図表22　早春の芽吹き直前のアファンの森（長野県信濃町）
藪のような放置林に手を入れて、このような美しい森に誘導してきた。適度に材を収穫しながら、生物多様性が高く、豊かな森を目指している。

な改善に取り組んでいる。その経営方針は、生産と環境の調和を目指し、かつ低コストと持続性である。２０００年に日本で最初に森林環境認証ＦＳＣを取得した。日本の伝統的な長伐期多間伐施業の林業技術に、国際的な視点を加えた経営スタンスから学ぶべきものは多い。自らの森林経営と内外の情報分析を合わせた英文資料も作成されており、こういう林業家が日本にもいることは心強い。

南ウェールズ生まれの作家、探検家、環境保護活動家であるＣ・Ｗ・ニコル氏（２０２０年没）は柔道を学びに若くして来日し、日本の豊かな自然と文化に魅せられて遂に日本国籍を取った誇り高き日本人である。だが日本の美しい森林がどんどん減

図表23　佐藤清太郎氏の「健康の森」（佐藤清太郎氏提供）
佐藤氏は所有林で林業を行いながら、市民との交流を大事にしている。

り、無残な姿をさらしていることに義憤を感じ、長野県黒姫山麓の荒れた山を買い足していき、１００年の大計を以て人間と多くの生物が共存できる豊かな森林づくりに全力を尽くしている。ニコル氏の故郷の地名にちなんで「アファンの森」と名付けられ、財団法人として運営されている。その森林は手を加え始めてから40年近くたち、豊かな美しい森林に成長しつつある。アファンの森は、子どもたちがそこで遊び、学べることを大事にし、専門学校や大学の実習や研究の場としても提供され、森林と野生生物の動態のモニタリングが進められるなどして、学術的に貴重な資料も提供しつつある。将来は、抜き伐りによって価値の高い材を収穫しつつ、環境と生産の調和した豊かな森林を目指している。

アファンの森は、私がドイツで見てきた州有林の中の、特に環境、生産、レクリエーションを調和させた森林とよく似ている。アファンの森も成熟するにつれて、そのような森林になっていくであろう。公益的機能の高いアファンの森のようなものは、本来公的に管理・経営されるべきものであろうが、それを私的に成し遂げていこうとするニコル氏の志は尊いものである。

秋田県の自伐林家の佐藤清太郎氏も自分の持山１２０haのうちの30haを地域の市民、特に子どもたちのレクリエーションの場として提供し、市民との交流を大事にしている。そこでは針広混交林を目標林型として、林業と環境保全、保健文化の調和を目指している。それによって人々の心の豊かさが養われ、林業の振興にも繋がるという考えである。日本の森林の中にはアファンの森や佐藤氏の森のような豊かで楽しい森林がもっとあるべきである。それにはどうしていったらよいかを森林所有者、市民、国民みんなで考えていくことが必要である。

欧米のような地域に密着した、その地域の森づくりに責任を持つフォレスターがいれば、優れた林業家の声や技術が反映され、地域全体の技術力、経営力も高まっていくだろう。ここに紹介したような林業家の人たちの考え方や技術が、日本の森林・林業を支える基盤であるべきだと思う。

8　自伐林家と集約化

大橋氏や橋本氏は、自分の所有する森林を自ら経営し作業する。そういう林業家を自伐林家と呼んでいる。林業を専業または主業としている林業家は専業林家と呼ばれている。大橋氏も橋本氏も自伐林家であり専業林家である。専業林家の人たちには技術者として優れた人たちが多く、そういう人たちを増やしていくことが大事である。自伐林家の中には農業をやりながら副業として林業をやっている人が多い。そういう人たちを農家林家といい、安定した経営をしている人たちも多いが、林業への関心を失い所有林を放置している人たちが増えている。農業以外の仕事を持ちながら林業を兼業としてきた人たちの多くも同様である。都会に出ていった不在村森林所有者も多い。しかし農家林家を林業の担い手として再評価することは、農山村社会にとって非常に大事である。

経営意欲を失い林業を放棄した、小規模森林所有者の森林への対応は急務である。そのためにそのような森林を取りまとめて団地化し、合理的な管理経営を図ろうとする集約化施業が進められ、その成果を上げているところも多くある。

森林組合は、本来組合員である森林所有者の利益を図ることを旨とするものである。しかし全国のほとんどの組合は、国有林、公有林、公的分収林（私有林を公社、公団などが造林・施業して、収益を分け合う森林）などの管理の下請け作業や、ダムや高速道路の建設などの公共事業の下請け業務に走り、組合員の林業経営への関わりをないがしろにしてきた。下請け業務の方が組合の経営にとって安定的で楽だったのである。組合員との関わりは補助金の申請書類の作成代行、下刈りや間伐などの作業依頼が来た時の個々の対応などに留まり、組合員全体の森林を良くし、経営を向上させていくためにはどうすればよいかというビジョンを持ち得ないできた。ほとんどの組合は公共事業の指示書の要件に従って作業をしてきたので、そこには森林経営と作業技術の向上に向けて自ら考え創意工夫を働かせるという意欲が生じなかった。

京都府日吉町森林組合の湯浅勲参事（現組合長）は、森林組合のこうした体質を憂慮し、２０００年頃から森林組合のあるべき姿に照らして改革に取り組んできた。その主な仕事は組合員の森林を良くし、持続的に収益が得られることを目的にして、組合員に森林経営のビジョンを示して施業提案をし、組合が委託を受けて施業を行っていくことである。その施業を合理的に実践していくためには隣接する所有者との団地化を図り、合理的な作業道をつけて路網の整備を図ること、それにより今後間伐を重ねて所有者の森林の価値を増し、収益を増やしていけること、こうしたビジョンを森林所有者に理解してもらい、事業を実践していくことであった。

組合員の理解を得るために、所有者すら把握していない持山の実態を写真や簡単な測定資料で示し、団地化の中で所有林の改善策を分かりやすく説明してきた。こうした取り組みが理解されて施業の委託を受け、施業の結果にも信頼が高まっている。これが全国に注目され「提案型集約化施業」と呼ばれるようになった。

日吉町森林組合が重点的に取り組んだのは、道をつけて間伐を行うためのコストを、所有者には経費負担の持ち出しがないように組合が努力したことである。ただでさえ意欲を失っている所有者に、いくら将来は収益が得られますといっても、先行投資のコストを負担する気持ちや余力は彼らにはない。したがって森林組合は作業道づくりのために伐った木と、間伐した木を有利に販売することによって、所有者の負担をゼロにすることに努めてきた。もちろん収益を得てそれが所有者に還元されれば喜ばれる。そこで組合は合理的な作業システムで施業をし、収穫材をいかに有利に販売するかの努力をしてきた。そのために将来に向けて森林の価値を高め、かつその時点でもできるだけ収入が得られる間伐の選木法を学び研究するなどしてきた。組合の技術と経営に対する姿勢は真剣そのものである。日本の林業にはこれが必要なのである。

所有者の合意が得られて集約化施業が進んだとする。だがもし造成された作業道が技術力のなさにより崩れたり、間伐後の森林が資産価値の低下を招くようなものになったりすると、組合の信頼は一度で崩れ、その回復は難しい。組合にとっては組合員の信頼こそ最も重要である。だから日吉町森林組合は技術の向上を怠らず、優れた林業家のところで作業道づくりなどを学び、長伐期多間伐施業による目標林型を模索し、自らの創意工夫を加えて他の組合の模範となるような施業を進めている。提案型集約化施業により森林所有者（組合員）の利益が得られ、森林組合の経営が向上し、森林の景観が良くなり、公益的機能が向上したことにより、地域の人たち全体に喜ばれている。日吉町森林組合ではこれを「三方良し」と呼んでいる。このような動きと並行して組合組織の刷新が図られ、組合職員の所得も増えた。日吉町森林組合の実績は、自ら考え工夫することの大事さを示すものであり、日本の林業の在り方に一石を投じたものである。

日吉町の提案型集約化施業をモデルにしたものが、２００８年から林野庁の事業として採用され、提案型集約化施業のための「森林施業プランナー」の育成研修が、日吉町森林組合を中心にして全国規模で行われるようになった。民間のこのような積極的な働きが行政を動かすのは珍しいことであり大きな意義がある。「森林施業プランナー」とは施業提案書を作成して、それを所有者に説明して同意を得る（契約を交わす）役割を果たす人のことであり、森林組合や林業会社の職員が主である。森林施業プランナーは森林づくり、作業道づくり、伐出作業、材の価値、コスト計算などのすべてに精通する必要がある。森林施業プランナーになるには、指定のテキストでの学習、一定期間の林業経験、４日間の研修の受講と、森林施業プランナー協会の認定試験に

図表 24　森林施業プランナーの現場研修の風景（日吉町森林組合にて）

合格することが必要である。資格を得てからも勉強の必要なことが強調されている。しかし森林施業プランナー育成が林野庁の補助事業になってから、時が経つにつれて内容が形骸化していったのは残念である。

山梨県の有限会社藤原造林の代業取締役藤原正志氏、大分県日田市のマルマタ林業株式会社社長の合原真知子氏、広島県廿日市市の安田林業有限会社社長の安田孝氏らも先代からの持山を活かして高い技術を養い、周囲の山林での集約化施業の実績を高めている。これらの林業会社はいずれも生産と環境の調和を図る高い技術を駆使して、日吉町森林組合におけるのと同じように「三方良し」を目指している。日本の林業の担い手として重要な役割が期待される。

だが間伐や作業道づくりなどの技術を身につ

図表 25　広島県廿日市市の安田林業の方々（2010 年４月、全国林業改良普及協会提供）
安田孝社長（左から２人目）は林業技術者の育成に熱心である。新入社員に１年間社長自らが基本技術をしっかりと教え、後は若い従業員同士が自ら考えながら作業を進め、その及ばないところを社長が指導している。左端は後継者の安田翔太氏、右端は後藤智博氏、右から２人目は中島彩氏。他にも若い従業員が何人も励んでいる。後藤氏、中島氏はここで学んだ知識と技術を活かして現在関連分野で活躍中。中央は筆者。

けないままの森林組合や、林業会社などによる集約化施業によって、施業の評価を下げているところが多いのも事実で残念なことである。またすでに述べた搬出間伐の量を多く求める補助金のあり方がそれと悪い形で結び付いて、荒い間伐などが増えているのも残念なことである。

提案型集約化施業の推進と自伐林業の推進とは対立するかのように捉えられていることがあるが、自伐林業の推進のためには、集約化による路網の整備は必要であるし、集約化を進めながら自伐林業を育成していくプロセスも必要である。そうなれば森林組合にはさらにレベルの高いコンサルタント的な仕事が生まれてくるだろう。自伐林家、森林組合、林業会社のそれぞれの良さを活かし合っていく考えが重要である。

都会育ちの人で、森林で仕事をしたいという人たちは増えてきている。そういう人たちの受け皿として森林組合や林業会社の成長、発展はますます大事になってくる。自伐林家、林業会社、森林組合のいずれも林業の担い手として重要であり、それらがお互いの長所を発揮し合っていくことが日本の林業にとって大事である。

9　林業と木材産業の関係

木材の流通システム改善の重要性

第1部の9～11章で述べたように、森林を育て素材を生産しても、生産された材が消費者に使用され、適正な価格で取引されなければ林業は成り立たない。したがって林業側は木材産業側と、さらにその先にある木材の消費者との関係を強めて、販売の努力に努めなければならない。この努力に欠けてきたことが日本の林業の不振の大きな原因の一つとなってきた。国産材は外材に押され、非木質材にも押されてきた。また1980年代の終わり頃からは、柱や板などが表に出ない大壁工法の家が増えてきたり、集成材などの加工材が増えてきたりして、無垢の良質材の価格が相対的に下がり、それも林業側にとって苦しい条件になってきた。しかも今後は少子化が進んでいくことから、住宅の構造材の需要は伸び悩むと考えておかなければならない。そういう状況の中で、国内各地の森林でどんどんストックが高まってきている材をどのように扱い、どのように売りさばいていくかは極めて重要である。

そのためには流通の近代化に努めなければならない。市場経済の中で、素材の原産地に近い小規模な製材工場が淘汰され、より広域的な地域の中に大型の製材工場が集積化され、集成材工場や合板工場が成立してきた。そういう動きにもかかわらず山で生産された素材は、昔ながらの原木市場、木材市場での取引が中心であり、無駄な中間マージンによって生産者にも消費者にもマイナスが及び、特に生産者側は不利な立場に立たされてきた。またその流通システムは川下の木材産業にとって、必要とする形質の材の安定的確保に不安を残すものとなっており、それが国産材の外材に対する競争力の弱さに連なってきた。ただし市場の役割の必要性はいうまでもない。

それに対してドイツなどのヨーロッパ諸国では、林地からの流通の近代化が進み、林業の生産力の向上の原動力となってきた。ドイツは州によってシステムが異なるが、ある州では、森林管理署が州有林と民有林の両方の現場の管理でリーダーシップを取り、フォレスターの下で施業計画から販売先のコーディネートまでがなされている。フォレスターは、出材過程で材の等級区分を行い、どういう材がどれだけ出荷されるかの情報を取引先に正確に伝え、価格交渉にまで関与している。また別の州では、所有者の協同組合（以後森林組合と呼ぶ）がそれと同じことを行っているが、そこでもフォレスターが同じように関与している。森林管理署にしても森林組合にしても、正確な情報を提供して生産側（林業側）と利用側（木材産業側）の信頼関係を築き、取引交渉の取りまとめをし、両者にメリットをもたらしている。ある森林管理署（森林組合）で予定していた供給量が満たせない時には、隣接する森林管理署（森林組合）にその分を臨機応変に補給してもらう連携システムも構築されている。生産者側は供給に対する消費者側の信頼を何よりも重視している。

ドイツでは、集材された丸太が土場に積まれるまでの段階で、樹種、形質、等級、材積などが主にフォレスターによって計測、選別され、パソコンに入力され、それぞれの現場から集まったデータが集積され、コンピューターで消費者側に伝達されるシステムが整っている。さらに近年では、情報通信技術を採り入れ、伐出する機械に材の形状、樹種などを自動的に計測する装置を取り付け、情報伝達の迅速化に成果を出しており、そのような流通システムの近代化に向けて補助金が有効に使われている。

日本の林業の不振の原因は、上述したような木材や木材産業の大型化に伴う流通機構の遅れにあることをよく認識する必要がある。しかし、その場合も、木材産業の大型化に伴う流通の近代化の遅れだけを見るのではなく、農山村の自立的な社会の構築のために必要な、その地域の小規模な製材工場や工務店の生き残りと再生のための地域独自の創意工夫が必要である。ドイツやオーストリアなどヨーロッパの多くの国では、大型の製材工場ができていく一方で、小規模な製材工場も生き残って地域の生産材を挽いて、地域の住宅建設事業としっかりと結びついている。こういうことも見ながらグローバルな市場経済に対応しつつ、いかに地域の循環型社会を構築していくか、再生させていくかということに努めることが重要である。

地域の製材所、工務店との関係

第１部の11章で、地域の循環型社会の構築のために、地域の材を地域で使用し、地域で金が回る仕組みを再生させるために、素材生産地に近い地域の製材工場、工務店との関係を重視することの必要性を述べた。だが地域の製材工場も工務店も、大都市中心の市場経済の前に力を失い続けてきた。この流れを変えるためには、地域の林業関係者、その周辺の製材工場、工務店、そして地域の消費者との間で地元の材を使った家を建てる、顔の見える関係を構築することが必要である。

１９８０年代に産地直送で家を建てる活動が見られたが、産地から建築場所まで距離が離れていると、産地の大工職人が現場に通う時間がかかりすぎたり、長期の宿泊を必要とするなどの障害が多かった。一方、建築場所付近の工務店や大工職人に仕事を依頼してしまうと、木材産地に雇用が生まれないという問題があった。そのようなことから、素材生産者、製材業者、工務店が普段の仕事で顔の見える距離で、地域産材を使った家を建てるという運動が各地で見られるようになった。これは地域における異業種間のネットワークを強め、消費者の地域産材への意識を高めるというものである。この運動の根柢にあるものは、地球全体を含む環境問題に対する意識、持続可能な地域社会の構築という考えである。また林業・山村問題に対する市民参加のあり方を考え、伝統的在来工法の家の再評価とその大工職人の技術を護るという目的もある。

「地域材による家づくり」の活動は、地域の工務店が大型のハウスメーカーとの差別化を図り、ニッチをつかむためにも大事である。それは個々の施主のニーズに応じた構造の家を建てることができることである。またメンテナンスや改修などのきめ細かな対応力の高さも地元工務店、大工職人の長所である。なお消費者の希望に応じるためには、伝統的な在来工法を得意とする設計士が入っていることが重要である。

「地域材による家づくり」は、個々の施主の希望と設計事務所の個性が活かせるが、設計事務所ごとに部材の仕様が異なると、製材者は見込み生産がしにくく、そのために製材品の乾燥に十分な時間がかけられない。したがって個性を活かすことと同時に、地域で使用する部材の規格の統一を図る必要がある。また街づくりの景観の点からも一定のコンセンサスづくりも必要である。

この運動は全国各地で見られ、その成果を上げているところもあるが、その広がりは鈍いのが現状である。現代の経済社会は、政府・地方公共団体などの公的セクター、民間セクター、及び森林組合などの協同組合セクターのどれが欠けてもうまくいかないとされている。「地域材による家づくり運動」は、任意団体と事業協同組合の形で進められているものが多いが、それが公的セクター、民間セクターと良い関係を築いて成長し、信頼を得ていくことが必要である。大手ハウスメーカーの強さは、その組織的な販売力と、大手であることへの信頼感にある。地域の工務店が信頼を得ていくためには、異業種間のネットワークの力を発揮して、消費者（施主）への説明力を高め、客のニーズに応える実績を高めていく必要がある。なお、地域における材の流通のネットワークにおいても近代的な情報システムの中で動くことが必要である。

大型製材、加工工場との関係

上に「地域材による家づくり」の重要性を述べたが、木材の消費量の多いのは圧倒的に都市部であり、林業側の経営にとって都市部に向けていかに多くの材を安定的に供給していくかが重要である。したがって地域外のより大型の製材工場、集成材や合板などの大規模工場との素材の取引を増やしていくのが林業振興の鍵となる。

国産材の価格が外材よりも安くなっても、国産材の取引量が向上しなかったり、素材生産側が買いたたかれたりする大きな理由は、複雑な流通システムにより、まとまった量の材の安定供給が十分でないからである。したがって林業側は、それぞれの地域からどのような質の材がどのくらいコンスタントに供給できるかの情報を川下の利用者側に伝えて、直接的な取引の信頼を得ていくことが重要である。ドイツでは森林管理署や森林組合がその役割を果たしているが、日本でもそのような役割を果たす主体が必要であり、それが可能なのは個々の森林組合と都道府県森林組合連合会であろう。現状の森林組合に今すぐそれを要求するのは難しいかもしれないが、森林組合は本来、組合員の生産材をいかに有利に販売していくかに努めるべきものであり、地域の行政もそれを支援すべきである。

さらに森林組合、都道府県、国（国有林）が一体となって、それぞれの地域、流域からいつ頃、どのような材がどのように出荷されるかの予測の情報と、刻々のリアルな情報を一元的に提供できるシステムの構築が必要である。供給の安定性に対する信頼が得られれば、生産者側に不利になる価格交渉も減るだろう。それは良い森林づくりのために大事なことである。

正当な取引によって良い森林が維持される

現在の市場経済における価格競争の中で、上述したような木材の流通システムの遅れによって、林業側は木材産業側に買いたたかれやすい立場にある。そういうことが行われていると、「安かろう、悪かろう」となって森林の質は低下し続けることになる。そして将来外材が入ってこなくなった時には（これは大いにあり得る）、日本の森林の供給力、すなわち技術者、道などのインフラ、森林の質などが大きく低下しており、木材産業側も窮地に陥ることになり、国民もあらゆる面から不利益を被ることになる。この次世代に不利益を及ぼす、持続性に欠けた動きは絶対に引き継いではならないことである。

集成材などの木材加工工場は、加工技術で製品の質を高めることができるというスタンスで、並材をできるだけ安く購入して利益を高めるようにしている。また無垢の良質材まで、並材に近い価格で取引されていることもある。良質な材を生産すれば、それ相応に評価される取引がなされないと、林業家には経営のモチベーションが生まれない。そういうことから、無垢材の材質が評価される伝統的な在来の軸組み工法の家を作る、工務店や材木店との直接的な取引を増やしていくことは大事なことである。

集成材は丸太からラミナ（挽き板）を製材し、それを積層接着して製造されるが、ラミナに死に節や抜け節などの欠点がある場合はその部分を切り落とし、短くなったラミナをフィンガージョイントと呼ばれる加工によって継ぎ直して所定の長さに仕立てている。それでも製品の表に抜け節が出ることがあり、これは手作業で埋められている。フィンガージョイントにはそれ相応のコストがかかる。それならばそのコスト分をより良質の丸太購入に充ててはどうか。良質材がそれに応じた価格で取引されると、それにより林業者側の経営条件を高め、林業家の意欲を高めることになり、長い目で見て木材産業と林業の共存に役に立つ。そうなれば川下の仕事の一部を、川上の良質材生産に向けた育林作業に充てることができる。日本の林業が衰退し、林業システムが一度崩壊すると、その再生のために何十年かかるか分からない。もしかすると、再生は無理かもしれない。素材の生産者側と木材産業側は、共存関係を持続させる知恵を働かせていくべきである。

現在の日本における素材生産から流通加工に関する政策議論を見ると、量的な安定ばかりが重視され、質的な側面についての検討が著しく欠けている。生産業は一般に「どういうものをどれぐらい生産するか」という考えを持つものであるが、日本の林業政策には素材生産における「どういうもの」へのアプローチが大きく欠けている。生産者が、より良いものを作ればそれが評価されるように関連産業が心がけ、行政がそれを支援していかなければ持続可能な林業経営は難しいし、森林の公益的機能の発揮との調和も難しくなる。持続可能な社会の構築のために一次産業と二次、三次産業との間に有益な交渉が必要である。

上述のように最近は質よりも量に重点が置かれる傾向にあり、大径材の価格が低下してきている。適切な保育を経て生産された大径材は無節率が高く、年輪構成にも優れていて材質が良く、その価値は守らなければならない。加工材に使われるにしても、高い質の材の評価は妥当であり、丸太の採材歩留まりは非常に高い。大径材はそれが生産されるまでに、環境保全にとって望ましい森林生態系の形成に貢献してきたものであるという評価が、生産者と消費者の間で醸成されるように努力しなければならない。林業は社会全体で考えるべきものである。大径材生産のメリットが失われれば、生産と環境の調和した構造の豊かな森林を目指した管理はできなくなるだけでなく、第２部の６章で指摘したように、短伐期化による初期保育経費の増大で、林業経営そのものが高コストになるということを忘れてはならない。

林地においてできるだけ少ない労力で良質材の生産比率を高めるには、優れた技術者が必要である。それは林木の生育段階ごとにそれぞれの木に、殊に将来良質となる有望な木に、どれだけの生育空間を与えていくのが得策かを考えて、必要な時期に間伐の選木をしていける技術者である。どういう形質の木が時代に左右されずに高く取引されるのかをよく考え、そういう木がよく育つように適正な生育空間を与えていくのである。その間伐過程で並材も低質材も生産されてきて、良質材、並材、低質材を込みにして経営を成り立たせていくことができる。良質材は無垢の製材用材に、並材は集成材や合板用材に、低質材はエネルギー材やパルプ材などに供することができる。

間伐において生育空間を大きくしすぎると太陽エネルギーの無駄が大きく、生育空間が少なすぎると形質の悪い木が多くなる。木材生産の効率の良し悪しは育林技術者の判断力にかかっている。木材生産の技術の本質は、長年月にわたり太陽エネルギーをいかに個々の木に適正に配分していくかにある。優れた技術者を育成することこそ、最も大事な低コストへの道である。林業政策はこのことを絶対に見失ってはならない。

木材産業側は素材の価格を抑えることでコストダウンを図り、素材生産の林業側はそのために丁寧な間伐の選木や、ましてや適切な枝打ちなどはコストがかかるとして敬遠してきた。だがそのような引き算ばかりの思考では、負のスパイラルが生じるばかりで、木材産業にとっても林業にとってもプラスにはならない。

すでに述べたことであるが、山で生産される材の価格は、それまでの長い年月の管理コストと、環境保全に貢献してきた価値を評価した、外部経済を採り入れたものとしていく必要がある。そうでなければ今の市場経済では、川上の素材生産者側の立場は非常に弱い。そういうことを考慮した価格政策と、所得補償制度の構築は大事な課題である。

低質材はバイオマスエネルギー材、パルプチップ材などに主に使われ、近年そのニーズが増してきているが、これらを生産目的の主体として、人工林の伐採搬出をすれば、1回の伐採面積を大きくし、荒っぽい伐採、搬出をしなければ採算に合わない。それをやると環境保全も、景観も、生産力の維持のいずれも低下させることになり、持続可能な林業、持続可能な社会の構築に反することになる。それは絶対に避けなければならないことである。しかし現実にはそういうことが全国各地で起きている。

10　木を扱う技術者の育成

現代の社会は「より便利で、より安く、より早く」を求め、住宅にまでその要求が高まってきている。「より便利」を強く求めると、木質材料よりも非木質材料の方が機能的に優れていることが多い。木は他の材料に比べて、個々の機能においてトップになるということはないが、ほとんどの機能において上位に、少なくとも平均以上にある万能的な優れた材料である。同じ木材にしても無垢の材より、集成材のような加工材の方が規格で求められる機能に合いやすい。「より安く、より早く」を強く求めると、規格に沿った住宅構造材が工場で生産され、それを建築現場で組み立てるプレハブ方式の住宅が増える。

伝統的木造住宅が減ってきた原因は他にもある。戦後の住宅不足から、にわか業者による粗悪な木造建築が増え、それに対する規制が必要になった。こうした背景から制定された建築基準法は、西欧建築学的な発想が強く、それが大工職人の能力を発揮する道を阻んできたといわれている。阪神・淡路大震災以降、木造住宅に対する寸法安定性や強度が求められて、それに対応できたヨーロッパからの集成材などの製品輸入量が増加し、プレハブ住宅が増加した。これらを通して見られることは、伝統的な木造住宅の建築工法に対する姿勢が後ろ向きになってきたということである。そして最も大きな要因は建築費用の大きな部分を占める人件費の高さである。

だが大工職人の建てる伝統的な和風の軸組み工法の住宅は、強度的にも、耐久性においても優れており、建築コストは多少高くついても、長期的には低コストであると指摘する専門家は多い。伝統的な木造住宅の良さは補修がしやすく、また増改築も容易でそれによって住宅の寿命を長く保てることにある。大工職人はそのような臨機応変の仕事が得意である。今の日本の住宅の平均寿命は25年余りといわれており、これは住宅を消耗品と見ているようなものである。住宅は建てるものではなく、出来上がった商品を買うものという感覚が強くなっており、そのような趨勢から大工職人は減り続けている。

生物材料である無垢の木材の性質を読み取って仕事をする大工職人は、材質を最もよく評価できる。したがって良質材が適正に評価され、適正な価格で取引されるためには、伝統的な木造住宅の建築工法が再評価され、大工職人が増えていくことが重要である。それによって山側で良い形質の材を作れば、それに応じた適正な価格で取引され、林業経営がしやすくなるという仕組みの生まれることが持続可能な循環型社会の構築にとって大事である。そのことは地域の雇用を増やし、地域で金が循環し、地域に資本を蓄積させ、資本の再投資力を高める大事な道であり、持続可能な社会を構築していく大きな道筋に沿うものである。

またそれぞれの地域の文化の象徴である神社・仏閣の建造物の補修・改修のために質の高い大工職人が必要であり、良質な大径材が供給されることも大事なことである。

日本は現場で作業をする職人の教育を怠ってきた。大学に建築科があってもそれは設計や施工の監督的立場の人間の育成が目的であり、工業高校においてもそれに準じている。日本には優れた職人を個人的に「匠」と称するなどして敬意を表することがあっても、そういう技術者集団を大事にし、それらの人材を育てようという風潮は非常に乏しい。これは林業の現場で働く人たちについてもいえることである。現場で働く技術者を尊敬し、そういう人たちを育てる社会システムが持続可能な社会の構築のために不可欠である。

無垢の材を用いた伝統的な木造住宅の評価と、その仕事をする大工職人のことを強調したが、集成材などの加工材の評価も大事であることはいうまでもない。集成材などの加工技術によって、大きな構造の木造建築が可能になったし、２０２０年の東京オリンピックに向けたスタジアムの構造もそれに負っている。加工技術の進歩により木材利用が拡大していくことは持続可能な循環型社会の構築にとって好ましいことである。木材の利用にとって、川上、川中の中小の木材産業と川下の大規模木材産業の両方ともにその発展が必要である。したがって林業側がその両者と共存していくことが大事であり、異なるタイプの木材産業がお互いの特色を活かしながら共存共栄していくことが望ましい。

なお2部では、民有林の管理経営とその技術者などについては論じたが、国有林や公有林の管理経営と技術者については論じられなかった。国有林と公有林については余りにも問題は大きいが、そのことを論じられる資料や実態は得にくいので、ここでは触れることはできなかった。

第3部
新たな森林管理のために必要なこと

1　森林管理のリーダーであるフォレスターの必要性

林業技術者のリーダーが必要

第2部の中で、日本の森林と林業の問題を解決するためには、目標とする社会の姿を描き、そのための目標とする森林の姿を地域に応じて描き、その実践のための技術者を養い合理的な管理、経営に努めていくことであることを述べた。そのためにはまず森林、特に森林の生態系に対する正しい知識を持つことが必要であることも述べた。

持続可能な森林管理を行いながら木材を持続的に適正に使用していくことは、地球環境保全も含めて持続可能な社会の構築のために不可欠なことである。そのためには林業の振興と木材産業の振興が必要であり、林業と木材産業が長い目で見てお互いの利益を高められるように知恵を働かせていくことが大事である。そしてその根底にある持続可能な循環型社会の構築という理念を、林業関係者と市民、木材消費者とが一体的に持てるように努めなければならない。

これらのことを実現させていくために、森林所有者、林業家、木材産業従事者、行政者、研究者は、それぞれの立場を活かしながら、市民までも含めた連携を強める努力をしていかなければならない。それとともに林業の現場で働く人たちの人材の育成が重要である。どのような良いビジョンや目標を掲げても、それを実践していける現場の技術者がいなければどうにもならないからである。

以上の理念の実践のためには、その中核となる林業技術者のリーダーが必要である。それはドイツやオーストリアなどヨーロッパの林業国に見られるような、レベルの高い森林官（フォレスター）の存在である。これが日本にはない。国家資格を得たヨーロッパのフォレスターは公務員として働いている人が多いが、民間会社や団体などで働いている人も多くいる。

ドイツのフォレスター

ここでは私が実際に接してきたドイツのフォレスターを例に話をしよう。フォレスターは高いレベルの知識の習得と現場実習・実務を経て、国家試験に合格して認定される。フォレスターには高級フォレスター、上級フォレスター、普通フォレスターがある。フォレスター志望者は、大学や職業訓練学校を卒業してからフォレスター資格試験を受ける。高級フォレスターは一次試験に合格してから2年、上級フォレスターは1年の実務経験（有給で職場で働く）をしながら定期的に現場教育を受けるという、徹底した現場重視の教育を受ける。その後の最終試験に合格してようやく国家資格が得られる。いずれのフォレスターも更新、保育、伐倒、集材、作業道づくり、ハンティング、マーケティングなど、林業に関する作業と経営・管理技術を現場中心に学ぶ。

図表26　ドイツにおけるフォレスター候補生の現場研修
ここにいる半分が候補生で半分は教官とその助手。長年の調査資料に基づく説明が行われ、質疑はお互いに真剣そのもので迫力がある。教官は国立森林研究所の研究者（フォレスター）。

高級フォレスターの合格者は高級行政官、研究者、大学の教官、民間会社の幹部などとして活躍する。もちろん最初は州有林の現場などで働くことが多い。彼らにはさらにキャリアアップのために相互間で異動がある。そのことが産官学の連携を良くし、ドイツの森林・林業全体のレベルの向上を可能にしているようである。
ベルリン連邦政府林野庁の高級官僚は基本的には公募で、応募資格は「大学教授資格」、「現場森林局、林業事業体、州政府森林庁での実務経験」と「研究実績」が求められる。また招聘という形で民間の各種団体、協会、林業事業体の人を取り込んで、環境、経済、社会など幅広い分野との調整の取れた政策展開に努

図表27　ドイツの州有林のフォレスター
アイベンシュトックの州有林での視察者への説明風景。この林分の長年のモニタリング資料を図表で示して、この林分のこれまでの経緯、現状、将来の展望を分かりやすく説明してくれた。そこからは技術者としての実力が読み取れ、フォレスターとしての誇りが伝わってきた。

めている。このように連邦政府林野庁の幹部は様々な分野で実績を積んだ高級フォレスターとそれ以外の外部の実力者で構成されている。

上級フォレスターは、州の公務員として採用されると、一つの任地で長年にわたり実務に当たり、管轄地域の州有林から私有林まですべての森林の把握に努め、地域に密着した活動を通して技術者としての実力を養っていく。彼らは地域全体の森林管理計画を立て、林業家や森林組合などとのコンタクトを密にしながら林業技術の普及と向上に努め、地域の森林・林業の振興に寄与していく。そしてベテランフォレスターはフォレスター育成の場で後進の指導にも当たる。上級フォレスターは現場のリーダーの中心的存在である。普通フォレスターはそれに次ぐものであり、やはり現場の実践的な活動のリーダーである。

ドイツは16の州からなる連邦国家で、それぞれの州に独立して林野庁があり、その下に複数の森林管理局がある。州に採用された上級フォレスターは一つの任地で10~15年勤め、1500haぐらいの林地の管理を任される。フォレスターは森林の管理・施業だけでなく、マーケットとのパイプを持ち、管轄地で生産された材の販売支援まで行う。そのためにいつ、どのような材がどのぐらい供給できるかの情報提供に努めており、生産された素材の材質の等級区分にも関わっている。またフォレスターは一般市民との繋がりを大事にし、市民に森や林業への理解を深めてもらう努力をするとともに、市民の声を森林管理に反映させるように努めている。フォレスターには市民に向けてレクチャーする能力が求められ、そうした教育も受けている。なおフォレスターは林業会社や林業団体などにも勤め、それらの職場の中枢として働いている。

ドイツの若者のなりたい職業、憧れる職業で、フォレスターはパイロット、医師に次いで3番目である。そういうことをかねてから聞いていたので、2015年にドイツを訪問した時にそのことを大学の教授に尋ねたら、それは事実で、近年フォレスターの人気はさらに高まっているということであった。いずれにしても林業技術者は社会的に尊敬され、自らも誇りを持っていることは事実である。若者に「なりたい」と思わせる仕事であることは、その業界にとって大事なことである。ドイツの林業がしっかりしており、森林の状態が良いのはそういう技術者に支えられ、社会の評価を得ているところにあるといってよい。

ここではドイツのフォレスターについて述べたが、オーストリアやスイスのフォレスターの制度はドイツのものとよく似ている。いずれの国もフォレスターの育成教育は現場での実務を重視しており、高い知識と技術を身につけている。そして公務員のフォレスターは一つの任地で長く仕事に従事するので、経験を通した知識と作業技術力が集積され、それぞれの地域で森林の管理と経営の思考力は高まっていく。

ドイツの現場技術者

ドイツでは各州に義務教育を終えた15歳以上の若者を対象に、林業技術士の育成を目的にした3年制の林業職業訓練学校が設置されている。その制度は実習を重視し、例えば学校で4週間勉強し、次の4週間は自分の地元の森林局や林業事業体の現場で実習（有給）をするというものである。3年間学んで修了試験に合格した者に林業技術士の公認資格が与えられ、林業事業体や州に採用される。州に採用された林業技術士は、実務を2年以上経験後、半年の研修（現場のものが多い）を受けて普通森林官（普通フォレスター）になれる。

このように林業の現場で働く者は、しっかりとした教育と訓練を受けた者でなければならないというところが大事である。なお、職業訓練学校を卒業してから大学に進み、上級フォレスターになる者もいる。

日本では2011年から林業の現場技能者（技術者）を育成するフォレストワーカー（林業作業士）の研修制度を設けており、それなりの成果を上げてはいるが、単なる研修ではなしに、やはり技術者の育成教育機関の設立によるしっかりとした教育が必要である。それとともに技術を身につけた人の職場での処遇のあり方も大事である。

日本にフォレスターに近い存在はあるか

これに対して日本はどうかを見てみよう。残念ながらドイツや多くの欧米諸国におけるフォレスターのような技術者のリーダーはいない。もしフォレスターに近いものをあげるならば、国家公務員林学職の総合職（大学院、大学卒程度）か、一般職（大学卒程度）試験に合格した技官である。だがこれらの人たちは、大学でほとんど座学を受けただけであり、就職後はポストを短期間で変わっていく人たちで、林野庁の技官はフォレスターとは程遠い存在といわなければならない。同じことは県の林業職で入った職員についてもいえる。これらの人たちは地元の森林所有者や住民との繋がりが薄く、現場感覚を養いにくい。県には国家試験による林業普及指導員の資格者がいるが、それもフォレスターとは程遠い存在のものである。

日本の国や県にフォレスターのような存在がいないため、林業政策が現場から遊離した行政者によってなされることになり、技術に関する施策も全国一律的なものになってしまっている。また森林管理局、森林管理署は歴史的に国有林の管理経営に当たるだけであったし、現在でも民有林との繋がりは薄い。したがって林野庁の民有林政策は現場感覚が反映されにくく、現場の実情から離れたものになりがちである。

ドイツの森林計画は、各州の各地域の森を知りつくした森林管理局や森林管理署の高級・上級フォレスターが作り、それが各州の本庁である林野庁で集約される。各州の林野庁は情報を集約して分析するだけで、同様にベルリン連邦政府林野庁は、各州からの情報を国全体として集約し、その情報を基に森林行政の見直しや森林管理、森林行政に関する規範を内外に発信する役割を担っている。このようにドイツの森林計画は現場、地域からのボトムアップである。このボトムアップを可能にしているのは、各地に根を下ろした実力のあるフォレスターの存在によるところが大きい。

それに対して日本は、森林計画制度は地方分権の建前を採っているが、実質的には補助金制度による国からのトップダウンの力学になっている。それぞれの地域によって自然環境や社会的条件が異なるので、それに強く支配される森林と林業の政策は、地域からのボトムアップであることが必要である。それを可能にするためにもフォレスターの存在は不可欠である。ドイツでは、補助金の内容決定は、各地のフォレスターが森林所有者など関係者と協議して決めている。あくまでも地域主体なのである。

行政と研究機関の間をうまく結ぶ存在としてもフォレスターは不可欠である。研究成果を現場で応用し、検証してくれるフォレスターがいて、それが実用可能であれば行政に採用され、普及を図っていくというプロセスが踏める。また検証を通して新たな研究課題が研究者に提供されることも非常に大事なことである。私は国の研究機関で長年研究生活を送っていたが、このことを痛感してきた。研究者がキャッチボールをする相手がおらず、熱い眼差しで研究成果を期待してくれている存在が見えないのである。そのため「自分は誰のために何のために研究をしているのだろうか」と、常に考えさせられてきた。もちろんそれは国民のため、林業関係者のためであるが、そう思えるためにも現場に根差したフォレスターの存在が不可欠なのである。ドイツで会ったフォレスターは異口同音に、「研究成果を期待している」といっていた。行政は、研究者（研究機関）と現場で働くフォレスターの両方からの情報を得て、科学的根拠と社会的正当性、そして現場の実態を踏まえた政策を展開することが重要である。

2　今の制度では技術の専門家は育たない

それでは日本でどのようにしてドイツのフォレスターに近い人材を育成できるかを考えなければならない。日本においてフォレスターに近い位置にある林野庁の技官については、前述した通りである。

林野庁の技官の幹部になる人たちは、一般的に森林管理署、森林管理局、林野庁、他の省庁、都道府県に出向していろいろなポストを2年または3年ぐらいで異動していく。その間、現場の実務にかかわるのは若い間の2年ぐらいである。したがって林野庁の技官がフォレスターと同じように、日々の仕事を通して林業技術者としての実力を高めていくということは無理である。また日本の公務員試験合格者は、そこに至るまでにフォレスター教育のように現場の実務経験を経てはおらず、技術者としての力はスタートからフォレスターには及ばない。

なぜフォレスターは一つの現場のポストに10年以上勤務する必要があるのか。その理由は、自分の実施した施業の評価が、10年ぐらいは見続けないと分からないからである。自分のやったことが考え通りにいかず失敗することもある。自然を相手にした林業ではそういうことがあるのが普通であり、その失敗を活かすことこそが林業技術の向上の源である。だから失敗を活かしてその成果を見届けるためにも、同じ現場での10年以上の勤務経験が必要で、反復学習と技術の集積期間は10年以上必要なのである。

日本の総合職や一般職の職員は、現場を離れた後も、特に事情がない限り事務官と同じように役職が上がりながら、定年まで2年または3年で異動していく。これでは時代の流れに沿った内発的な組織の改革はもちろん、より良い運営への対応も鈍いものになってしまう。2、3年でポストが変わるようでは誰も責任を持って改革を成し遂げることはできず、結局は前例踏襲的に仕事を引き継いでいくことになる。明治以来官僚制度の中身が基本的に変わることなくきているのは、ポストの任期の短さにも大きな理由があるだろう。なぜ日本の官僚の任期が2年ぐらいなのかは、業者などとの癒着を防ぐためと聞くが、個々の失敗が見えないようにするためではないかとも聞く。失敗を認めようとしないことは、林業技術の向上にとっては致命的である。仕事で評価されるべきなのは失敗を次の仕事にどう活かしたかである。殊に複雑多様な自然環境の中で養われる林業技術にとってはそれが大事である。

明治維新の新政府の下に山林局が設置されたが、その局長や主要な幹部は文官によって占められた。第二次大戦直後まで林学出身の技官から林野局局長（現在の林野庁長官）が出るということはなかったが、その間には技官は技術者集団としての誇りを持って技術を研鑽することに努めるとともに、技官から局長を輩出することを夢見ていた。

戦前の技官のポストの移動はどのようなものであったかは定かではないが、様々なケースがあったようである。これは特別な例かもしれないが、１９１８年に山林局に就職した松川恭佐氏の足跡を見てみよう。１９２５年に松川氏は福島県平営林署長から青森営林局に転勤した。赴任した時に局長から「ヒバ林の施業法を再検討してもらうために君を呼び寄せたのだ」といわれたという。そこで松川氏は10年間にわたりヒバの天然更新の研究をし、その施業法を確立した。松川氏のこの施業法は今も評価され活かされている。今の官僚システムの下では10年間も同じポストにいれば出世はおぼつかないが、松川氏はその後満州国林野総局長を務めていることから、戦前は技官がそれに相応しい仕事と評価を受けられていたといえる。松川氏だけでなく、戦前は林業技術の実績で名を残した技官は多い。もしこのような人事体制が日本で進んでいれば、その後の日本の森林・林業は大きく違っていただろう。

第二次大戦後に日本がＧＨＱの占領下に置かれた時に、ＧＨＱは林野局長が文官であることはおかしいとして、技官が局長を務めるべきであるとの強い要望を出した。先進国の中で林野局のトップが技官でないのは日本だけだということであった。それにより１９４６年に初めて技官から局長が誕生し、長年の技官の願いはかなった。しかし日本が独立した後は、林野庁長官は技官と事務官が交互に務める形で今日に至っている。ＧＨＱは日本の官僚制度を変えることはなかったので、事務官の力は依然として強く、その結果長官を交互に務めるという形ができたのであろう。技官からも長官が出るということになったのは良いことであったが、そのために技官も事務官と同じような人事システムで動くことになり、技官はそのアイデンティティを失っていくことになった。技官も事務官と同じように事務処理、企画、折衝などの能力の高さばかりが求められ、技術者としての力を失ってしまった。戦前は技官がフォレスター的な役割を果たしていたが、戦後はそれが失われてしまったのである。1960年代ぐらいまでは戦前に技官として育った人たちが、技官としてのプライドを持って働いていたが、それは遠い昔の話になってしまった。私が若い時に接していたある技官の中には、「どんなに酒を飲んで帰っても、寝るまでの間に1時間は必ず専門書を読んでいます」と語っていた人がいた。残念ながら今はそのような誇りを持った技官はいなくなったし、技官同士で技術論を交わすような場面を見ることもなくなった。

林野庁では2011年から「準フォレスター」という称号の国家認定の資格制度を開始し、2014年度からはそれを「森林総合監理士（フォレスター）」という称号に変えて現在に至っている。森林総合監理士は、研修を受けて試験に合格した者に与えられる資格である。林野庁による森林総合監理士とは、「森林・林業に関する専門的かつ高度な知識及び技術、並びに現場経験を有し、長期的・広域的な視点に立って、地域の森林づくりの全体像を示すとともに、市町村などへの技術的支援を的確に実施する者」というものである。また森林総合監理士の主な業務として、「地域の森林・林業の長期的構想を描くとともに、地域の森林・林業関係者や住民の間で構想についての合意形成を図る」ということも記されている。これらの規定はフォレスターの資格に相応しいものであるが、問題はその育成法とその後のポストである。

森林総合監理士の研修は、林野庁での中央研修（４泊５日）、同じく林野庁による各森林管理局でのブロック研修（４泊５日）、そして森林管理局ごとの独自の実践研修（１泊２日）で構成されている。講師は林野庁の職員、国立森林総合研究所の研究者、大学の教員、森林管理局の研修担当官などが主体である。受講者は都道府県の職員や国有林の職員が多い。まずこれだけの日数でフォレスターに必要な力を養うことは難しい。そして何よりの問題は、研修の講師にフォレスターと呼ぶに相応しい力を持った人がほとんどいないことである。日本の現状ではそれはやむを得ないことであるが、長期的に見てフォレスター教育をできる人材をどのように育てていくかを本気で検討しなければならない。それにはドイツなどのフォレスターのシステムとその育成法を学び、必要なものを採り入れていくべきである。

そして森林総合監理士は、林野庁や都道府県などで技術者のリーダーとしての特別な地位が与えられて、一つの任地に10年は勤めて高い技術を自ら養えるようにし、フォレスターに相応しい存在となっていくことが必要である。また、フォレスターは肩書きだけでなく、それに相応しい仕事場が与えられないと意味がない。今の森林総合監理士は、森林計画制度の地域の計画を策定するための要員確保に過ぎないように見える。

本気でフォレスターを養成しようと思えば、採用時からそれに向けた職種を設ける必要がある。例えば林野庁の技官の総合職または一般職の試験に合格して就職する者の半分は、フォレスターとして現場に密着した仕事をしていける制度を作る。その人たちは、現行の人事制度の上でのいわゆる出世はできないかもしれないが、技術者・フォレスターとして誇りを持てる給与体系と、政策に対しても強い発言権を持てることが保障され、彼らが今の日本に欠けている技術者のリーダーとしての役割を果たしていくことが望まれる。同じことを都道府県の人事制度の中でも検討することが必要である。フォレスターの育成は大学における教育内容とも関連させての検討が必要である。日本の森林・林業のあり方を正しい方向に向けて議論していくためには、真のフォレスターが誕生できるように関係者が英知を働かせていくことが必要である。

3　研究機関と行政の間の関係の改善

森林・林業の研究は大学や国公立の研究機関で行われている。これらの中で国の森林・林業の行政に一番近いところにある、国立の森林総合研究所と所管官庁である林野庁との関係を見てみよう。国の研究機関の業務は、森林の多面的機能を解析し、それらのサービスを合理的に発揮し、林業と木材産業の振興に寄与する科学的根拠と技術を提供することにあるといえよう。またそれらを通して豊かな農山村やその文化の向上に寄与することもあろう。行政は研究機関とやり取りをしながらその成果を活かして、理論的根拠のしっかりとした分かりやすい政策を展開していくことが必要である。

ところが私の経験からすると、この関係がうまく機能していない。これまでに繰り返し述べてきたように林野庁の職員は2、3年ごとにポストが変わっていく。このため研究所の研究員とともに課題を共有しながら、仕事の内容を高めていくということは難しい。そうなると研究者の行政との連携・協調の意欲は低下していき、自分の専門分野に閉じこもりがちになる。

また研究者の業績評価は論文数、しかもランクの高い学術誌の掲載が大きくものをいう。だから研究者の多くは綺麗に結果が出やすい材料を求めて、実験室中心の基礎的研究に走りがちになる。フォレスターのような、現場の応用に向けて、キャッチボールをする相手がいないこともその大きな要因である。ドイツのフォレスター（行政者）は研究者に対して常に熱い視線を注いでおり、研究者もそれに応えようとしている。行政者は自分自身がもっと専門家であるべきであり、より大きな構想に向けて研究者を活かすべきである。そうなれば研究者にもそれに応えようとする意欲が生まれるであろう。一方研究者は、行政がどうであろうと、自分たちの責務は何かを常に考えて、より良い研究を通して行政を動かしていこうという意欲と努力が必要である。私自身にも足らなかったことを述べるのは恐縮であるが、自己実現と社会貢献に向けてひとりひとりの努力が必要だと思う。

大学は研究と教育の機関であるが、大学と国公立の研究機関の連携は必要で、また行政との関係も大事である。大学には真理の探究という役割はあるが、林学（森林学）は応用研究が主体であり、社会貢献に沿うことが必要である。林野庁傘下の各種委員会には大学教員が多く名を連ねているが、その発言はどちらかというと傍観者的なものが多い。もっと行政を動かせるほどの積極的な発言とそれを裏付ける研究が必要だと思っている。

フォレスターの存在は大学の研究や教育にとっても無くてはならないものである。大学の研究者は、フォレスターから生きた情報を得、学生への現地指導の大事な部分を担ってもらえる。結局フォレスターは行政、国公立の研究機関、大学にとって、そしてもちろん森林所有者、市民にとって、お互いを繋ぐ役割を果たす不可欠な存在だと言える。もっといえば、優れたフォレスターは大学教員となり、また森林官庁の中枢官僚にもなりうるような、それぞれのポストの公募制度まで考えることが必要である。

４「根拠」を問うこと

近年日本から多くのノーベル賞受賞者が輩出しているのは喜ばしいことである。ノーベル賞を受賞した科学者が異口同音に述べているのは、若い頃からの探究心を大事にすることである。私は日本人は「なぜなのか」を問う姿勢が弱いのかと思ってきたが、そうではなさそうである。問題なのは疑問をきちんと口に出して、お互いにやり取りができないことにあるのではないかと思う。林業界では特にそれが強いようだ。日本では相手、特に上の立場の人に対して根拠や理由を問うことは失礼になるという風潮があるのかもしれない。この問題の奥には日本の教育のあり方もあるだろう。

日本の林業では、日々の職場においてその作業の持つ意味（根拠）を問い、改善のための創意工夫について議論が交わされることが少なく、それが経営や施業技術の向上を弱くしている。日本の林業が不振だという根底にはそのことがあると思う。林業技術者が技術者として、それに相応しい仕事をしていくには、技術の根拠が何なのかを知ることがとても大事である。また現場でその作業や技術の意義を考えながら作業をすることにこそ林業の仕事の面白さがあり、そこに働き甲斐があるはずである。決められた通りのことを何も考えずに作業しているのであれば、それは単なる肉体労働であり、せっかくの林業の仕事の魅力を放棄しているも同然である。

先に補助金の指定要件に従った間伐の問題点を述べたが、補助金には多様なものがあり、それらをいかにうまく組み合わせて取ってくるかが森林組合などの強い関心事であり、森林組合は補助金獲得の書類作成に汗をかくが、現場の作業技術や作業システムの向上に知恵を絞るということは少ない。補助金の指定要件をクリアーしてさえいればよいという体質が多く見られ、補助金は経営者や技術者の創意工夫する芽を摘んできているように見える。ドイツでは補助金はフォレスターがその管轄地区の対象となる森林所有者と話し合いながら決められていく。例えば気象災害後の林分の更新への補助金の場合は、目標とする森林の姿、更新方法などをフォレスターと所有者が話し合い、それに必要な補助金が決められる。フォレスターが公務員としてなしている仕事そのものが、広い意味での補助金だという見方もできる。

日本で、森林組合や林業会社が国有林や公有林などから事業の委託を受ける場合には、中央で決められた指示書に沿った作業がなされていくが、そこにも問題がある。指示書に沿った通りの作業が行われていくのが普通だから、作業者に「現場で考える」という意識が生じにくいのである。優れた事業体の人々から聞くところでは、国有林や公有林が作業を発注する場合は、もう少し受注者の判断に任せた方が良い結果が得られるのではないかということであるが、私もそう思う。指示書に画一的な数字の縛りが強すぎるのは良くない。国有林や公有林にフォレスターがいて、大きな目標と適切な指示が与えられ、受注者の創意工夫も働かせられる、そういう構造を作らなければならない。

５　ボトムアップの法律・制度・政策が必要

先にドイツのフォレスターについて紹介したところ（第３部１章）で、ドイツの森林計画は現場、地域からのボトムアップであることを述べた。このボトムアップを可能にしているのは各地に根を下ろした実力のあるフォレスターの存在である。フォレスターは地域の様々な林業関係者と市民の声を反映させて森林計画を作成している。それに対して日本は、これも先に述べたように実質的にトップダウンの政策になっている。それぞれの地域の自然環境や社会的条件によって森林の取り扱い方には特色があるべきものであり、森林・林業政策は、地域からのボトムアップで、森林所有者と市民の声が反映されたものである必要がある。

日本の法律・制度は明治時代にドイツのものに学んできたものであるが、ドイツのそれらは１９７５年以来大きく変わっていて、ボトムアップの構図になっており、欧米の多くの国のものも同様である。それに対して、日本の森林法も森林・林業基本法も、明治時代以来の官主導の構図が変わらない。

そこでまず日本の現行の「森林法」の第1章の総則を見てみよう。

この法律の目的：この法律は、森林計画、保安林その他の森林に関する基本的事項を定めて、森林の保続培養と森林生産力の増進とを図り、もつて国土の保全と国民経済の発展とに資することを目的とする。

次に現行の「森林・林業基本法」の第1章の総則を見てみよう。

（目的）：第1条　この法律は、森林及び林業に関する施策について、基本理念及びその実現を図るのに基本となる事項を定め、並びに国及び地方公共団体の責務等を明らかにすることにより、森林及び林業に関する施策を総合的かつ計画的に推進し、もつて国民生活の安定向上及び国民経済の健全な発展を図ることを目的とする。

これら両方の法律の文言をよく見ると、法律・制度がまずあって、主語は役人であったり、組織であったりするように読み取れる。事実、これらの法律をさらに読み進めていくと、「国は」、

「地方公共団体は」、「農林水産大臣は」、「知事は」、「市町村の長は」、

「森林管理局は」などの主語が繰り返し出てくる。これはどう見ても官主導の構図である。

ドイツは16の州からなる連邦政府国家である。それぞれの州はそれぞれの森林法を持ち、それに基づいた政策を遂行している。すでに述べたが各州には複数の森林管理局があり、森林管理局ごとに森林計画が立案、遂行され、それが州の森林庁に集約され、各州で集約されたものが連邦政府の森林庁で最終的に集約されるというボトムアップのシステムで動いている。

ヨーロッパは民主主義発祥の地である。民主主義の社会においては様々な立場の人たちが意見を出し合い、合意形成を図り、決まったことを実践していくのを旨とする。彼らは森林との付き合い方において、合意形成を図るために不可欠なことは、皆が森林生態系の機能とサービスについて正しい知識を持って議論することにあると考えている。

ドイツ連邦政府の森林法の総則の第1条にはこの構図が端的に表現されている。すなわち「森林法の目的」は、

1．森林の機能とサービスを持続的に管理していくこと
2．林業の支援のため、そして
3．一般市民と森林所有者の利害を調整することにある

というものである。

上記の1は「森林生態系の知識に基づく管理が必要」といっており、2は「森林生態系のサービスの中で木材生産（林業）は大きなウェイトを持つこと」を認め、3で「様々な立場の人たちの合意形成を図ること」であるとしている。このことは森林生態系の正しい知識と社会的正当性に基づき様々な立場の人たちの合意形成を図り、持続可能な森林管理を進めていくために、行政や研究は森林所有者や市民とともに歩んでいかなければならないと謳っていると受け取れる。それは現場からのボトムアップの構図である。

それに対して現在の日本の森林法と森林・林業基本法は、森林生態系の機能やサービスと社会的正当性を踏まえた持続可能な森林管理と、森林所有者、市民・国民との関係のあり方を踏まえて理論構成されたものとはいえない。大切なことなので繰り返し述べるが、地域によって自然条件も社会条件も大きく異なることから、地域ごとの様々な立場の人たちの声を反映させるボトムアップのシステムが好ましい。

6　ボトムアップのための地域から国へのシステム

これまで述べてきたことから、今後の日本の森林・林業政策の在り方を考えると、地域に根差した森林・林業のあり方を重視し、地域から国へのボトムアップの流れのシステムの政策が必要だということになる。まずはそれぞれの地域の市町村と都道府県が連携して「持続可能な森林管理」に向けた道筋を練り、それに向けて出来る限りのことを実践していくことが必要である。現状では市町村の林務体制は非常に弱いが、何をおいても市町村に森林・林業の専門性の高い職員が必要である。それはできる限り異動の少ないフォレスター的な存在を含めてのものである。このことについてはこのすぐ後で改めて検討する。

森林・林業は、地域毎に農業、木材産業など関連産業との関係を密にし、大工や木工職人などの活躍の場を広めていくこと、それらの繋がりのある活動が大事である。森林・林業においては、これまでに繰り返し述べてきた持続可能な森林管理の考えに沿った合理的な森林の管理・施業を行っていくことは基本的に重要である。そして合理的に伐出された材の合理的な用途別仕分けと、地元と川下までの合理的な材の流通システムの構築を図ることが大事である。地域の自然的、社会的条件に応じ、例えば生産林、生活林、環境林などという区分を行い、それぞれの目標林型に向けた多様で合理的な管理施業計画を立て、その実践に努めていくことが必要である。そこには市民目線の入っていることが大事である。

それぞれの地域の森林所有者、自伐型林業者、林業会社、林研グループ、森林組合などがしっかりと連携し、市民と地域行政がそれをしっかりと支援していくことが大事である。私有林の管理、経営は条件に応じて個人所有者によるものから、森林組合、地域の林業会社などによる集約化施業など様々なものがあってよい。担い手は、これまで地域で頑張ってきた人がさらに成長すると共に、新たな担い手が参入し、それらの人たちが定着し、新旧の人たちが溶け合って創造的な活動を展開していくことが望まれる。そのためには、その地域の市町村の森林の管理・経営のリーダーとなるフォレスター的人材が不可欠である。

近年、奈良県ではそういうことを目指し、県と市町村を結ぶフォレスター的人材（奈良県フォレスター）の育成が始まっている。県職員採用試験合格者を2年間、奈良県フォレスターアカデミーで学ばせ、その卒業生を市町村に配置し、転勤することなくその地域に根を張って活動を続けられる制度に基づくものである。これまでスイスのフォレスターを毎年招聘して研修を重ねるなどしながら、フォレスター的な存在の育成とその活動の仕方にたどり着いてきたものである。このような動きは試行錯誤を伴おうが、ＰＤＣＡを繰り返しながらより良い形へと進むことを望みたい。岐阜県でもヨーロッパのフォレスターを招聘するなどして、県と市町村の連携を図りながら、技術者のリーダーの育成に努めていると聞く。そのような動きが全国に広がっていくことを望みたい。

日本の各地には、森林・林業の技術の研鑽に真摯に取り組んでいる民間の優れた人たちが多く存在するが、それらの人たちはどちらかというと孤立的であることが多い。それらの人たちと地域のフォレスターの連携による躍進が期待される。「学ぶ、創意と工夫、協働」などは大事なキーワードである。

上述したような先進事例が各地に生まれ、国がそれに呼応したボトムアップの構図の政策をどのように築いていくかが極めて重要な課題である。これをどうしていくかは、これからの大きな課題であるが、その成果を長い目で待ちたい。従来の政策形成は中央の政治家、官僚、業界団体主導の形でなされてきたが、それに主体性のある地方自治体、地域の森林・林業関係者、研究者、市民、国民の声を大きく反映させることが大事である。

そのためには繰り返しになるが、市町村が県と連携を強くして、地域の森林とどう付き合っていくかを、森林・林業関係者だけでなく、市民の声を重視して立案、実践していくことが重要である。市町村における顔の見える関係のある持続可能な森林の管理・経営の向上が強く望まれる。その集積が日本の森林・林業の姿であってほしい。

地域主権の森林の管理・経営、林野行政を遂行していくには、流域単位の市町村、都道府県、都道府県のブロック、国というボトムアップのシステムを構築していく必要もあろう。そしてそのそれぞれにフォレスターのような存在が配置される必要がある。フォレスターはボトムアップのシステムを機能させるカギになる存在だと思う。このようなシステムを目指して様々な立場の人たちの英知と議論が必要である。これぐらいのことを考えていかないと、未来に向けて日本の

図表28　ドイツの州有林を散歩する市民
ドイツでは公有林でも私有林でも、市民が林道や作業道などを散歩している姿を常に見かける。森林は所有者だけのものではなく、一般市民もその恩恵を受ける権利があり、その代わり森林管理に税金が使われることを認める、という合意形成ができている。

森林・林業の現状を変えていくことは難しいだろう。

7　森林所有者と市民との関係

私の著書『*Ecological and Silvicultural Strategies for Sustainable Forest Management*』を読んだドイツのドレスデン工科大学林学部のワグナー教授は、２０１４年に２週間あまり日本を訪れ、その翌年私が２週間ドイツを訪れ、お互いに講演や視察をした。ワグナー氏が日本各地の視察を終えて帰国する前日に、私は日本の中で特に印象の強いものをいくつか挙げてほしいと尋ねた。それに対して氏が最初に挙げたものは、「多くの場所を見て回ったが、観光地を除いて、林業の行われている森林で一般市民の姿を目にしたことは一度もなかった。これはどうしてなのか」という疑問であった。日本人は気づいていないが、これが日本の森林・林業の最も大きな問題点の一つではないかと思う。日本の森林が市民、国民から離れているのだ。

その翌年に私はドイツを訪問してワグナー氏の上記の指摘がよく分かった。州有林でも私有林でも、林道や作業道で一般市民が散歩したりハイキングしたりしているのを常に目にするのだ。その30年ぐらい前にも私はドイツの森林を歩いてそのようなことを感じていたが、今回はその印象がさらに強かった。このことがなぜ大事なのかは、森林所有者と市民との利害の調整、合意形成がよく図られている結果だということである。森林は、森林所有者のものであるが、公益性の高いものであり市民、国民のものでもあるという認識が高いのである。

持続可能な循環型社会の構築に向けて、林業が大事なことをドイツの市民は理解している。農山村の美しい景観を保つためには農林業の振興が必要なことも市民は理解している。だから市民の税金から森林所有者に所得補償や補助金が多く投入されることを認めている。その代わり市民は公共財である森林のサービスを求める権利を主張する。したがって私有林でも市民が林内に立ち入る権利があり、手に持てる束程度までならば山菜や果実などを採取することも認められている。フォレスターは警察の権限も持ち、林内の治安を守っている。ドイツにおいて多目的林業、近自然林業を目指す背景には、森林所有者と市民との間のこのような合意形成がある。それが長期的、総合的に見た生産と環境の調和に向けた低コスト管理なのだという関係者の深い洞察がある。持続可能な循環型社会の構築に向けて、森林所有者も一般市民も重厚かつ柔軟な姿勢で向き合っている。

それに対して日本はどうか。国公有林でも私有林でも、林内での不法行為を避けるため、また林内で事故が起きた時に責任が持てないということで、多くの場所では一般市民の立ち入りは禁じられている。森林は本来公益的、公共的な性格も有するものであるが、そういう森林においても日本では私権が強すぎて立ち入りが阻まれている。また事故が起きた時に所有者、管理者の責任が問われる。2003年に十和田市の国立公園内にある奥入瀬渓流の国有林の遊歩道付近で、約10mの高さから自然落下した大きな枯れ枝が女性観光客を直撃し、女性は後遺症を負った。女性は県と国に対し、現場管理責任があったとして、損害賠償を求めて提訴し、勝訴した。この判決はあまりにも自然の構成物である森林に対する理解に欠けるものであり、人々と自然とを遠ざけるものであり、大きな問題を残すものだと思う。ドイツのそれぞれの州の森林法には、市民が森林に自由に立ち入る権利を認める一方、森林への立ち入りに伴う危険への安全義務は市民にあり、利用者に自己責任のあることが明記されている。日本でも同様なことが森林法に明記されるべきである。森林は、その利用を通して権利と義務を学ぶ場となり、公共マナーを身につける場

図表29　モントリオールプロセスの会議風景（1995年、チリのサンチアゴ）

になってほしい。

森林所有者と一般市民との垣根が小さくなること、市民にとって森林は自分たちのものでもあるという認識や感覚が持てることは、市民が森林との接触を通して心身の健全性を高めることができるとともに、郷土愛が高まり、地域の材や国産の材を使おうという気持ちが自然に湧いてくるきっかけともなる。日本の国産材利用率が30％弱、ドイツのそれが１００％に近いという大きな理由の一つはそこにあるように思える。

8　国際的視野に立つこと

第2部の5章「合意形成のプロセスと科学的根拠」で、１９９２年のリオ会議以降の国際的な森林管理の理念となった「持続可能な森林管理」とはどういうものかを示した。１９７０年代までは世界のどの国も森林管理の理念は「木材生産の保続管理」であったのが、リオ会議以降は「持続可能な森林生態系の管理」へと変わった。それは、森林管理は森林生態系の科学的根拠に基づき生産と環境の両面の調和を考えたものでなければならず、特に生産林ではそのことに意を注がなければならないということである。そこで持続可能な森林管理が行われているか否かは、何を基準にどのような指標で評価すればよいのかという国際的共通理解が必要だということになり、それを国際的に議論した結果がモントリオールプロセスであり、ヘルシンキプロセスである。モントリオールプロセスの基準と指標のフレームワークは92頁の図表15の通りである。

モントリオールプロセスの意義は、森林生態系の機能とサービス全体を捉え、それらをできるだけ科学的根拠と社会的正当性を以て議論できる立体的な枠組みを提供したことである。それは森林に対する社会の多面的ニーズの高まりと、１９６０年代以降に進んできた森林生態系に関する研究の成果がうまく合致したものである。林学（森林学）は19世紀の初頭にドイツなどのヨーロッパ諸国で成立したものであるが、恐らくモントリオールプロセスなどのプロセスの構図は、「林学とは」、「森林・林業政策とは」の枠組みを林学の歴史上はじめて示した画期的なものだと思う。林学は自然科学と社会科学の両面で成り立っているが、モントリオールプロセスはその両者をしっかりと結び付けた大きな意義を持つものである。

このようにモントリオールプロセスについて積極的に語るのは、私がモントリオールプロセスの作成会議に日本の代表として出席し、その作成に関与したこともあるが、モントリオールプロセスの内容が、内に閉じこもった日本の森林・林業政策にこれまで全く活かされていないことが大きな問題だからである。モントリオールプロセスが１９９５年に国連で承認されて以来30年近くがたつが、日本の政策は未だにそれとはかけ離れた古い法律制度に依存したままである。欧米の多くの国ではモントリオール、ヘルシンキ両プロセス以降、その考えを参考にして法律、制度を改正するなどして、持続可能な森林管理の実践に努めている。

国連傘下のモントリオールプロセスの一連の作成会議は、１９９４年から１９９５年にかけて開催された。この会議に私は林野庁の行政者と参画したが、日本において行政と研究が一体となってこれ程の中身のある活動をしたことは他にはないのではないかと思っている。だが、モントリオールプロセスが成立した後、日本ではこれを参考にして、持続可能な森林管理に向けた新たな政策の議論が始まるものと私は大いに期待し、働きかけもしたが、そういう動きはないままに現在に至っている。

私はヘルシンキプロセスの会議にもオブザーバーとして出席したが、それはモントリオールプロセスの会議の内容とよく似ており、両方の会議から得るところは非常に多かった。中でも強い印象を受けたのは、両会議ともに多数のＮＧＯの代表者が参加していて、各国の代表者と同等の立場で意見を述べ、それが議事録にも同等に載せられていたことである。しかもＮＧＯの人たちはよく勉強していて、高い専門性を身につけていた。したがってモントリオールプロセスもヘルシンキプロセスもその成文にはＮＧＯの意見がかなり反映されている。また欧米のそれぞれの国が携えてきた案は、それぞれの国において市民、ＮＧＯの意見を反映させたものであり、欧米では森林・林業政策に市民の声が強く反映されていることが分かった。日本はＮＧＯやＮＰＯの力が弱く、それが市民の声を政策に活かせていない一因であり、日本の森林・林業の弱さの底流がそこにあるように思える。

森林・林業と国民が近い距離にあるということは、生産者と消費者も近い距離にあり、環境保全に良い森林管理を行っている生産者から出てきた材を、消費者が評価して買うという土壌ができていることである。ヨーロッパでは違法伐採や大面積皆伐など、持続的でない森林管理で生産された材は購入しないという消費者の主導で、ＦＳＣ（Forest Stewardship Council）という持続可能な森林管理（の森林）を認証する非営利団体ができた。ヨーロッパではＦＳＣ認証の材は消費者が評価してきた。ＦＳＣは日本にも入ってきており、その認証を取得している森林所有者はかなりいるが、その評価に対する消費者の反応は鈍い。ＦＳＣに対抗して日本でできたＳＧＥＣ（Sustainable Green Ecosystem Council、緑の循環認証会議）の認証制度に対する消費者の関心も非常に乏しい。ＳＧＥＣは消費者から生まれたものではなく、林業関係の官・民・学主導で作られたものでもあるからだろう。なおＦＳＣの認証は「基準と指標」の評価を通して行われ、基準と指標は、モントリオール、ヘルシンキ両プロセスの基準・指標の性質と非常に近い。ＳＧＥＣはＦＳＣを参考にして作っているからやはりモントリオール、ヘルシンキ両プロセスの性質に近い。しかし、森林法の骨格である森林計画制度や保安林制度をそのままにしておいて、モントリオールプロセスに類似の基準・指標を採り入れたＳＧＥＣで森林管理を評価しようというのは、法律・制度と政策との間の整合性に欠けていておかしなことである。

なおドイツをはじめヨーロッパでは、ＦＳＣは自然保護主義が強すぎるとして、その後ＰＥＦＣ（The Programme for the Endorsement of Forest Certification）の森林認証プログラムが主流になっている。ＰＥＦＣの森林認証プログラムもヘルシンキプロセスの基準と指標をベースにしたもので、生産と環境がより良く調和したものとして評価されている。紙面の都合上内容の説明は省くが、２００５年には生態系の保全とその持続的利用に必要な科学的根拠に基づいた政策のあり方を考える Millennium Ecosystem Assessment（ＭＡ）が国連の賛助のもとに出て、今では欧米の多くの国の森林・林業政策の中にこの考えが活かされている。さらに２０１０年にはＵＮＥＰなどが関係する The Economics of Ecosystem and Biodiversity（ＴＥＥＢ）が出され、これも欧米各国の森林・林業政策に積極的に採り込まれている。このように欧米では森林・林業に対する考えはどんどん進化し、それに応じて政策も進化している。

それに対して日本の政策は、古い法律制度に依存したまま、持続可能な森林管理へのしっかりしたバックボーンを持てないで、その時々の対応策に追われ、あるいは予算の獲得のための用語や解釈が先行して非常に分かりにくいものになっている。森林・林業政策は、生態的な根拠と社会的ニーズに基づき、林業関係者から市民、国民に至るまで、様々な立場の人たちがともに考えていける分かりやすいものでなければならない。繰り返し述べるがそれなくして日本の健全な林業の振興と、豊かな森林づくりはあり得ない。

もちろん日本は諸外国とは異なり、独自の自然環境、文化、歴史を有しており、そのアイデンティティは大事にしなければならない。だが国際的に学ぶべきものを学びながらその良さを高めていくべきものである。ヨーロッパ諸国、あるいはアメリカ、カナダなどはお互いに学び合いながら進歩を続けている。残念ながら日本は地理的に近いアジア諸国の森林・林業からは学ぶべきことは少ないので、努めてヨーロッパ諸国などから学ばなければならない。日本は孤立状態から早く脱しなければならない。

第４部
豊かな日本の農山村と社会を目指して

1　地球環境保全と森林との付き合い方

地球環境問題、わけても地球温暖化の問題は、産業革命以来、特に産業活動が大型化してきた20世紀の後半から、我々人類が直面している深刻な問題である。いま問われている地球温暖化の問題は、人類がその活動の拡大を通して、温室効果ガスである二酸化炭素を大量に大気中に排出し、それが大気中にたまり続けることから生じている。

地球の長い歴史を通して何億、何十億年にわたる、それぞれの時代の生態系の中で、生物の光合成により大気中や海水中の二酸化炭素は有機物として生物体に固定され、それが呼吸や腐敗・腐朽などの分解により二酸化炭素に還元され、炭素は循環してきた。しかしそれぞれの時代に、生物の遺体の一部は化石として地中に埋蔵され、その分大気中の二酸化炭素濃度は少しずつ減少してきた。産業革命以前の二酸化炭素濃度は低い値で安定していたが、産業革命以降に、人間が地下に隔離されていた、現在の生態系では循環していない石炭や石油を大量に使用し始めたために、大気中の二酸化炭素濃度が増え続けているのである。大気中の二酸化炭素濃度増大の原因の4分の3は化石燃料によるもの、4分の1は森林破壊によるものといわれている。

現在の地球生態系の中で炭素循環に最も大きく関与しているのは海洋生態系で、その次が森林生態系である。海洋生態系は人間の住み場所ではないが、森林生態系は人間の住み場所の身近にあり、森林生態系は人間活動によって良くも悪くも動かされやすい。したがって地球温暖化防止のために森林生態系とどのように付き合っていくかは非常に大事だということになる。

第１部10章でも述べたが、地球環境の問題は地球生態系の問題である。地球生態系はそれぞれの地域の生態系の集まったものであるから、地球環境問題の解決のためには、それぞれの地域の生態系にできるだけ沿った生活や産業様式の構築に努めていくことが大事だということになる。日本の陸上の最大の自然は森林である。だから日本においては、それぞれの地域における森林の持続可能な付き合い方が、持続可能な循環型社会の構築にとって、ひいては地球環境保全、地球温暖化防止にとって基本的に大事だということになる。

第２部３章で森林の構造の発達段階に応じた森林生態系の機能の変化の図（82頁の図表14）を示したが、その図から一つの林分で炭素の吸収速度を最大にすることと、炭素の貯蔵量を最大にすることを同時に達成することはできないということは明白であり、そのことをよく認識する必要がある。森林による二酸化炭素低減策は、基本的には二酸化炭素の吸収量（速度）を高めることと、炭素の貯蔵量を高めることとの両方の調和を図ることにある。このことは私も執筆委員を務めたＩＰＣＣ（気候変動に関する政府間パネル）の第三次報告書（２００１）で強調されていることである。

１９９７年の気候変動枠組条約第３回締約国会議（ＣＯＰ３）が京都で開かれ、難航の末に京都議定書が採択された。議定書の目的は二酸化炭素の排出量の削減であった。だがその削減目標の高さに難色を示す国が多く、議定書成立の打開策として森林による炭素の吸収量（速度）が排出削減量を補うものとしてカウントされることになった。しかしそうなるとロシアやカナダなど森林面積の大きな国は圧倒的に有利になるので、平等を期すために、長年森林でなかった場所（例えば森林を牧場などに変えて50年以上たつ場所など）の植林に対して、吸収量をカウントすることになった。すると日本は終戦後に各地にあった採草地などをすでに人工林化しており、吸収量のカウント対象を長年森林でなかった場所の植林に絞ることは不平等だと訴え、その結果「よく管理された森林」も吸収量のカウントの対象とする妥協案が認められるようになった。そして間伐の実践された森林は「よく管理された森林」とみなされ、日本では「温暖化対策」として間伐を推進する政策が採られるようになった。

ここで大事なことは、間伐が二酸化炭素の吸収速度を高めるということではないことである。間伐によって良い木の成長は高まっていくが、だからといって林分の吸収速度が高まるということにはならない。「温暖化対策としての間伐」はあくまでも京都議定書の成立のための政治的妥協の産物である。そのことさえ心得ておけば、温暖化対策が間伐推進の後押しになることは結構なことである。だが目標数値の達成のために、生産林としての持続的利用に反した荒い間伐が目立っており、これは絶対に避けなければならないことである。

吸収速度を高めるためには、林分の平均成長量（吸収量）が最大になるところで主伐を繰り返していくのが効果的である。それは第２部３章の図表14における「若齢段階」から「成熟段階」にかけてのところ、すなわち50～60年生前後のところで主伐を繰り返していくことが、林分の平均吸収量を最大にできるということである。現在林野庁が多くの人工林を50～60年生ぐらいで主伐する政策を進めつつある理由の一つは、「地球温暖化防止のために吸収速度を高める」ことである。だが地球温暖化防止のためには、炭素の吸収速度と炭素の貯蔵量の両方を通して見ていくことが大事である。図表14から分かるように、50～60年生の短伐期を繰り返していけば、森林生態系の炭素貯蔵量を低い状態にし、生物多様性や土壌の保全という生態系の基盤的機能の低下を招き、それは林地生産力の低下を招く。林野庁の短伐期化への政策変更には、持続可能な森林管理の本質に関わるここのところの検討がなされておらず、理解に苦しむところである。

森林を伐採して木材を利用し、それがやがて燃えるか腐朽すれば二酸化炭素は排出される。しかし排出された二酸化炭素は、伐採された後に更新した森林が、前世代の森林が伐採された時と同じ大きさになれば、排出された二酸化炭素量と同量の二酸化炭素量を吸収したことになり、大気中の二酸化炭素濃度は増えも減りもしなかったことになる。すなわち森林を持続的に管理して木材を利用し続ければ、大気中の二酸化炭素量は増えも減りもしないカーボンニュートラルの状態を維持できるのである。ここが石油や石炭を使うと二酸化炭素濃度が増え続けるのとは違う、大事なところである。このように現在の生態系で循環している物質を持続的に利用していくことは、地球環境保全のために基本的に重要なことである。

木材をエネルギーとして使用すれば、その分だけ化石エネルギーの使用量を削減できる。また木材を建築材や家具材などとして利用すれば、製材時に要するエネルギーの量は、他の材料に比べて格段に低くてすむ。例えば鉄やアルミニウムなどの鉱物資源を加工するのに要するエネルギー量に比べて、天然乾燥の木材はそれぞれ100分の1、1000分の1というオーダーですむ。人工乾燥の場合でもその半分ですむ。もちろん鉄やアルミニウムなどの必要なところはそれを使うのは当然だが、木材の利用できるところはできるだけ木材を利用することが望ましい。

外材を輸入するのに、輸送のためのエネルギーがどれだけ使われているかを考えることも地球環境保全のために重要である。日本の森林に利用できる木がたくさんあるのに、地球の反対側からまでも木材を輸入しているのは、地球環境保全に反したことである。逆に日本の材を中国などの外国に輸出することも論じられているが、木材はまずその生産地、そしてその国で使われ、さらに余剰のものが生ずれば、それを輸出するという順序を踏むことが地球環境保全のために大事なことである。

一方、木材生産の対象としない環境林の炭素貯蔵量の大きさにも注目すべきである。環境林の目標林型は天然林またはそれに近い森林であり、老齢段階の森林またはそれに近い森林である。老齢段階の森林の炭素貯蔵量は最も高い（図表14）。生物多様性の保全、水源涵養、治山などを第一に考えた天然林の配置は、人手をかけず、最も低コストで炭素貯蔵量を高く維持できる。

生産林の中の製材用材を生産目的とする経済林（スギやヒノキなどの人工林）では、例えば１００年生余りを伐期とする施業を行えば、吸収速度を適度に高め、貯蔵量も適度に高い、吸収と貯蔵の調和した施業とすることができる。生産林の中の生活林（日常生活の薪炭材などの生産を目的とする天然生林）は、主に広葉樹の萌芽更新による20～30年伐期で回転させるものである。これは吸収速度を高める方に貢献する。

以上に述べてきたことを纏めた「森林による温暖化防止策」は下記の通りである。

①森林を自然の状態において、森林生態系の炭素貯蔵量を最大にすることを求める。この方策は老齢段階の天然林を目標林型にすることであり、生物多様性や水資源の保全の働きを高め

ることと同調する。

②森林生態系の炭素貯蔵量の目標をある高さのレベル（主に成熟段階におけるレベル）に設定し、そこから収穫した木材をできるだけ長く使用し、多くの炭素を貯蔵する。すなわち森林生態系の場と木材利用の場の両方で炭素貯蔵量を高める。

③建築物や家具などの耐久消費財（日用品でも可）にできるだけ木材を利用することによって、材料を製造する時に必要なエネルギーの量を節減し、木質エネルギーを化石エネルギーの代替とすることによって、化石エネルギーの使用量を節減できる。その効果は短期的に見えにくいが、長期的な累積効果は大きい。

上記の①から③は、森林生態系の多面的サービスを適切に持続的に求めていけば、それは結果として地球温暖化防止を最も低コストで図っていけるということである。この総合的な考え方は非常に重要である（図表30）。

2　持続可能な社会のために農山村に必要なこと

前章で地球環境保全のために、それぞれの地域で、それぞれの自然生態系にできるだけ沿った

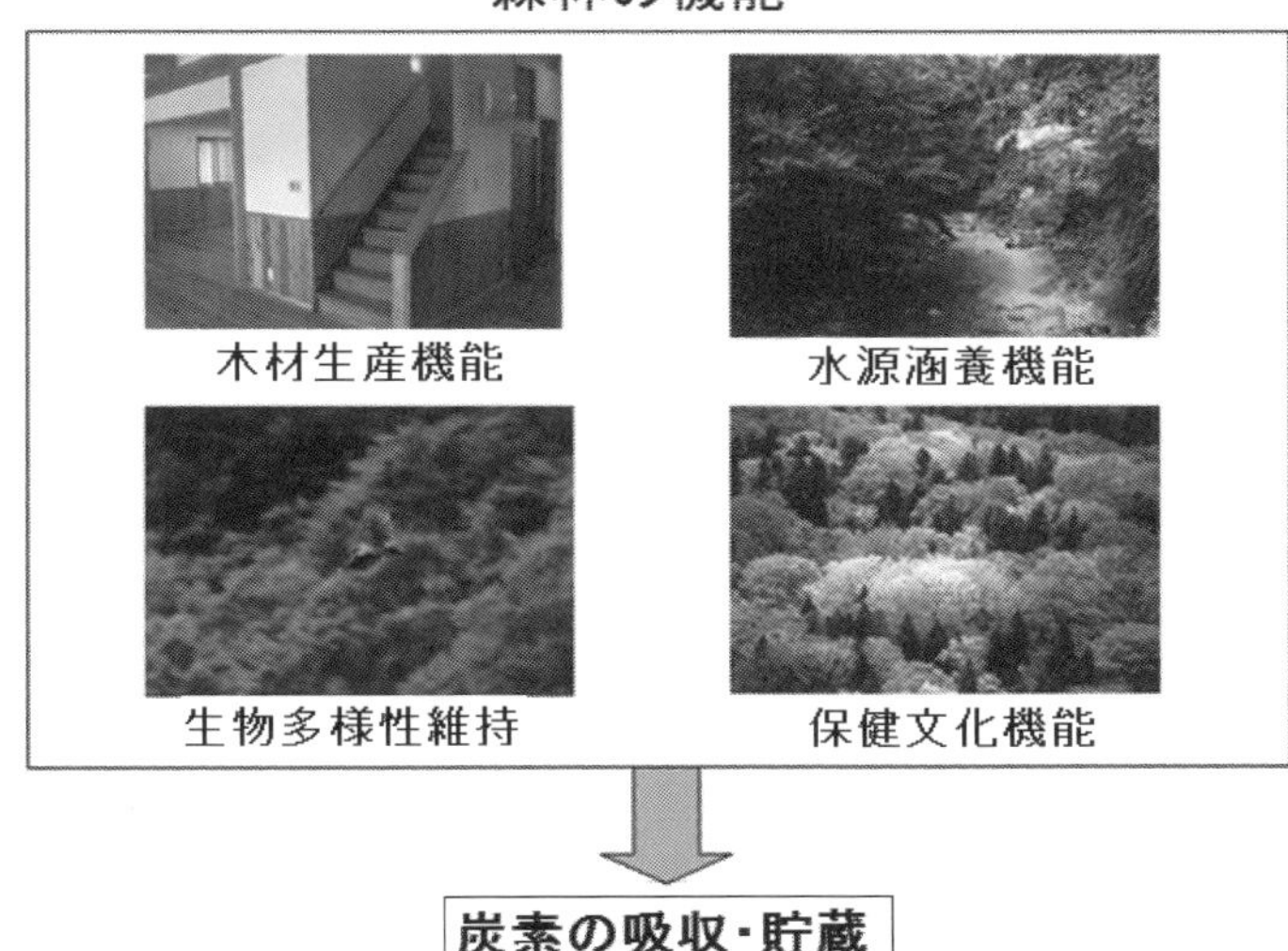

図表30　地球温暖化緩和策の構図
森林生態系の多様なサービスをそれぞれ適正に求めていけば、結果として最も低コストで地球温暖化緩和策に繋がることになる。それは炭素の吸収速度を高めることと、炭素の貯蔵量を高めることの両方を調和させることができるからである。

循環型の社会を築いていくことが大事だということを述べた。日本の多くの地域の自然は森林であり、それぞれの地域で森林を活用していくことが大事である。そのためには、森林と関連させた生活様式を大事にし、森林と関連した産業を振興させていくことが必要である。

日本は工業と貿易を中心にして経済発展を遂げ、都市中心の物質的に豊かな社会を築いてきた。工業化と市場経済最優先の社会は分業による効率化を進め、その機能が都市に集中してきた。効率の悪い農山村はグローバル資本主義の中で分業から切り離されるか、あるいは農山村の中にまで分業が浸透してきたために、農山村が崩壊してきたのだといえる。農業と林業の分離、農業の中でも作物農業と畜産農業の分離というように、その地域の自然をうまく活かした生活や産業の仕組みは崩壊してきた。農山村においてすらスーパーで多くの輸入食品を買う、農家の主婦がスーパーに働きに出るなどという状態はそれを物語っている。あるいは農山村でも内壁に塩ビクロスを貼ったような、10～20年で経年劣化する非木質のプレハブ住宅や外材の家が建ったりもしている。これは食料や建築資材の多くを都市部や外国に頼り、そちらに金が流れているということである。エネルギーのほとんどは、都市に本社のある電力会社に依存し、金はそちらに流れ、その多くは海外の産油国に流れている。このことは農山村の中での横の繋がりが乏しくなり、農山村の中での物質とエネルギーの循環的な流れや、金の流れが断たれてきたということである。

日本は外国から原料とエネルギーを輸入して加工し、主に工業製品を輸出して貿易黒字をあげ、それで食料や木材など一次産業の産物を輸入してきた。日本の社会が日常生活に不可欠な食糧、エネルギー、資材などの圧倒的多数を外国からの輸入に頼っているのは非常に危険なことである。生きるのに必要なものは水と食料と燃料である。それに建築資材も加えてよいだろう。これらは本来国内の農山村からまず供給されるべきものである。そのほとんどを海外に依存していることは、極めて不健全で危険なことである。

森林の多い地域の活性化のためには、地域の製材業や工務店などの関連産業と強い連携を取りながら、製材用材の持続的な素材生産林業を振興させていくことが基本的に重要である。製材用材の生産と、同時に出てくる製材用材に向かない等級の材は、パルプチップ材やエネルギー材として利用できる。また製材工場や集成材工場などで大量に出る端材やおが粉もそれらに利用できる。製材用材の生産に向けた持続的な林業は、地域の関連産業や雇用を多く生む。

地域のエネルギー材としてもう一つ大事なものは、農家が裏山の所有林から日常に使う薪材を自家労働で伐り出し、その余剰物を市場に供給していくというシステムの構築である。農山村とその周辺の地域で物質とエネルギーをできるだけ循環させるために大事なことは、農業と林業を繋ぐことである。最も無駄のないエネルギーの利用法は、裏山の薪を熱エネルギーに使用することである。そのための輸送のエネルギー消費は最小であり、薪は自然の中を循環する物質であるために環境保全的に最高に良い。

農山村では、居間の暖房は暖炉や薪ストーブにする生活様式を築くことが必要だと思う。薪の火は暖かく人の心を落ち着かせ、暖炉の火を囲んだ家族や来客との団欒は、その会話を和やかにする。スイッチ一つで暖かくなる電気やガスと違って、薪による暖房は少し時間がかかるが、都会で通勤時間に毎日２時間ぐらい費やしていることを思えば、それぐらいの時間はゆとりの範囲

図表 31 里山の生活林
里山の生活林は、水田の水源涵養機能を発揮し、薪炭材の供給、有機物肥料の供給、その美しい景観の提供など多くの価値を有する。

であろう。それどころか、そのようなゆとりの時間を持てるスローライフこそ価値があるともいえるだろう。欧米の農山村では暖炉で薪を燃やし、団欒を楽しむことをステータスとしている。日本の自治体でも、例えば伊那市のように、薪ストーブや薪ボイラーが普及している地域ができてきている。

また有機農業を重視し、裏山の生活林から適度に落葉有機物を採取し、有機肥料として利用する。薪を燃やした灰も肥料になる。石油起源の化学肥料の使用をできるだけ少なくすることは、農山村における物質循環と金の循環の点からも、地球環境保全の上からも大事なことである。

裏山の生活林は広葉樹林が主体であり、かつて里山林といわれていたものと同じである。里山の生活林は、そこに住む人たちの生き様の表れた美しい景観を示すものであり、そこに住む人はもとより、都市部の市民にとっても共有の財産である。ひいては日本の自然と生活様式のにじみ出た美しい景観として、外国人観光客にも強くアピールするであろう。里山の美しさは観光資源としても価値がある。

グローバルな市場経済の中で、農山村と地域の循環型社会を築いていくためにはどうしたらよいか。それは地域の自治力、わけても農山村の自治力を高めていくことだと思う。第１部の７章で触れたように、これまでたびたび行われてきた市町村合併が、農山村の自治力を弱めてきた。これらの合併は国策遂行の合理化のためであり、財政の合理化のためであったが、それにより自然環境に順応した農林業的に必然性のある集落の単位と機能は崩壊し、集落住民の自治は失われていった。

２０１１年3月11日の東日本大震災は、都市と農山村の乖離、地域の衰退、地域の自治機能の欠如の問題をさらけ出した。大合併によって町や村の役場は支所となり、政策策定権限のない支所は、地域に即した復旧・復興計画が立てられず、権限のある地域自治体（主に市）は、自然環境に即したきめ細かな計画の策定に苦労し、さらに国の縦割り行政も絡んで復興が大幅に遅れている。一方、この大震災を機に、都市がいかに農山漁村の一次産業とエネルギーに依存しており、農山漁村の機能が重要であるかを思い知らされた。農山村の価値、農林業の価値は生産額の多寡だけではないのである。

南海トラフ巨大地震が遠からず発生するであろうことが予測されており、その時に起きる都市の被害は甚大なはずである。農山村がしっかりとしていれば、そのような事態の中でも、避難民を受け入れるキャパシティがあり、復興への足掛かりも得やすい。流域の地域社会が形成されていれば、食糧の危機は小さく抑えられる。林業がしっかりとした森林ストックのもとで経営され、材の流通システムが整っていれば、復興資材の欠乏を緩和させることができるし、木材によって生活上の熱エネルギーも確保できる。そのようなことも想定して、普段から都市と農山村との関係を緊密にしておくことが大事である。

日本人は農林業を非近代的なもの、古いもの、収入の良くないものとみなして、あるいは「村社会」の悪い面ばかりを見て、それを排除したり、逃れたりしようとする面があったように思われる。農山村の人たち、殊に若い人たちが都市へどんどん出ていった背景にはそういうこともあっただろう。しかしこの20年ぐらいの間には、都市の若い人たちの中に、農山村での仕事こそ社会的意義の大きい、生き甲斐のある仕事だという意識を持ち、農山村での仕事を求めてくる人たちが増え始めている。問題はそういう人たちを受け入れる農山村の社会体制をどのように築いていくかである。新たな農山村の、新旧の力を合わせた内からの力を発揮する自治社会の構築が必要である。

川上村の試み

農山村の自治能力を増し、農山村の力をつけていくためには、優れたリーダーが必要である。そのようなリーダーの一人に長野県川上村の藤原忠彦村長がおられる。私が講演で聞いた藤原氏のお話の一部を、羅列的ではあるが、下記に紹介したい。

劣悪な条件でも活かせるものはある。川上村のレタス栽培はそれである。農業は生命産業であり、林業は生命維持産業である。農という1年と、林という100年の組み合わせこそ持続可能な農山村社会の基盤である。農と林を分けてしまったことが間違いではないか。

所得の向上だけでは幸せは感じられない。所得は有限で欲望は無限である。私は今7期目（2015年現在）であるが、はじめは所得成長主義であった。しかしそれは村民の競争心をあおり、それによりむしろ地域崩壊が危惧された。そこで教育、文化、福祉、医療に重点を置き、行政と住民の信頼関係を築いてきた。

生の感性が人間に伝わってくるのが農山村である。木の住まい、地元の木を使うことこそ大事。それをまず公共の建物から始めた。木の学校で子どもたちが静かになった。木はどんなメニューにも合う。木は学習の場に最適である。

風土から出た文化はロングスパンである。森林はその中核にあり、掘り起こせば森林には無限の価値がある。森林、林業、教育、文化がバラバラになったのを統合することが大事である。そしてふるさと教育こそ大事である。そのような環境で育った子どもは都会の大学に行っても、卒業後また故郷に戻ってくる。したがって川上村では若い後継者に問題はない。婚姻率も周辺に比べればはるかに高い。

以上が藤原村長のお話の要点であるが、私はその内容に共感している。藤原氏のような市町村長が多く出現すれば、日本の農山村は大きく変わるだろうし、日本も変わるだろう。このような見識の高い地域のリーダーが増えることを強く望みたい。

3　技術者が誇りを持てる社会

日本の社会において「技術者」のイメージは、一般にエンジニアという工業系統の技術者のようなものであり、農林業の現場で働く人たちを技術者として見ていないことが多い。農林業従事者の中でも技術・技能の向上に真剣に取り組んでいる人たちは立派な技術者であり、その技術の奥深さに照らしてみれば尊敬すべき技術者である。農業技術者は、土づくり、施肥の仕方、どこまで農薬の使用を減らせるか、作付けのローテーションの工夫など、自然を相手に常に知恵を働かせ創造的な仕事をしている。林業技術者は農業よりもさらに自然度の高い、複雑な地形、土壌、長い時間の中で、適切な判断に基づく技術が求められ、かつ伐倒作業のような安全性を重視する作業が求められ、それに向けた技術の向上に日夜励まなければならない。持続可能な社会にとって重要な林業に携わる技術者は、本来もっと社会的に尊敬されるべきものだと思う。

本書で繰り返し述べてきたように、林業は持続可能な循環型社会の構築のために、地球環境保全のために非常に重要な産業であり、仕事である。林業は自然を相手に、どこまで生産と環境の調和を図りながら、人類の福祉に貢献していけるかに関わる仕事である。林業従事者は、その実現のために知恵を働かせ、思索を練り、技術を高めていくならば、自分の仕事に対して自然に誇りがわいてくるだろう。事実そういう誇りを持って働いている人たちは各地に多くいる。だが残念なことにそれが広がりを持てないでいる。

「鶏が先か卵が先か」という話になるが、林業に誇りが持てないでいるというのは、社会が林業技術者に対する正当な評価をしていないということでもある。一般社会の人たちは、林業の現場で作業をする人たちを単なる肉体労働者と思っているかもしれない。だが間伐の伐倒作業を例にとると、将来を見越してどの木を残してどの木を伐るかをあらゆる観点から判断し、作業の安全性、残される木に傷がつかないようにどの方向に正確に伐り倒すか、路上で機械を操作する集材作業者が集材しやすいように斜面の方向、道に向けてどの方向にどのように伐倒木が並ぶように伐り倒すかなど、高度な判断力と作業技術を要するものであり、そのような作業を行う作業員は高度な技術者である。社会がそういう技術者を評価する目を持たないから、若者が林業技術者になろうとする動機が乏しく、また林業技術者を育成するシステムも不十分なのだろう。林業技術は、頭と体を同時に使う非常に高度な技術であり、持続可能な循環型社会を支える底力となる大事な技術である。

根拠を問える現場技術者

今から10年ほど前の２００７年に、ＮＰＯ法人ウッズマン・ワークショップ（水野雅夫氏代表）が主宰する、林業の現場で作業をしている若手の人たちを対象とした3日間の研修集会に出席したことがある。参加者は90人程だったが、その中には緑の雇用制度で森林組合や林業会社などに採用された若いＩターン者が多かった。「緑の雇用制度」とは、森林・林業に未経験の人でもその仕事につけるように、審査により認められた森林組合などの事業体に採用された人に対して、同事業体を通じて人材育成を支援する国の雇用支援制度で、２０００年代に入って設けられたものである。その時の自由ディスカッションで、多くの人たちが職場の技術指導に対する無策を訴えていた。「習うより慣れろ式で、なぜその作業が必要なのかという分かりやすい説明が得られない」というものから、「作業の安全性に対する基本的な指導すら受けていない」という人たちも多かった。作業についても根拠を問う職員を嫌う職場は、林業や地域社会の発展を妨げるものでもある。現場で作業する人が技術者として向上心を持って働いているか、いわれたことに従って何も考えずに作業しているかでは、労働生産性は何倍も違ってくるし、将来に向けた森林の価値生産の可能性はさらに何倍も違ってくるだろう。日本の自然をいかにうまく活かせるかは、現場の林業技術者の育成と処遇に多くがかかっている。こういう前向きな若者を活かせないでいるのは社会の損失である。

作業効率を高めて経営を向上させていくために、適切な作業システムの下に適切な機械を駆使していくことは重要である。だが大型機械を購入して使えば良い結果が得られるというものではない。そういう機械を駆使するためには、それに必要な作業道づくりのできる技術者、無駄のない作業システムの中で機械を使いこなせる技術者、残存木に傷をつけることなく作業ができる技術者が育成されているか、などということが整っていなければならない。残念ながら多くのところは、行政主導で大型機械を購入したが、このような必要条件が整っていないのが現状であり、その改善が急務である。

現場から離れた座学への偏り

日本は残念ながら林業技術者育成の教育は極めて不十分である。ドイツの林業職業訓練学校のようなしっかりした教育制度に位置づけられた技術者育成の学校はない。２０１５年現在５つの県で、例えば長野県の林業大学校のように、県独自の林業職業訓練学校に相当する2年制の学校を設けており、それなりの成果を出しているが、そこで終了して得られる資格や、それにより得られる身分は森林法の中では全く規定されていない。そして、教官の中に、選木、伐倒、集材、作業道づくりのような現場の技術を、システムとして関連付け、理論と実践を合わせて指導できる者が極めて少ないことも大きな問題である。それができるのは、ドイツで見られるように、フォレスター制度の中で教育、指導法の研修をしっかり受けたような人である。そういうことからも現場技術を身につけたフォレスターの育成の重要性が改めて強調される。

日本の高校や、林業専門高校では「林業」と名の付く学科は減少している。またそれらの高校で、林業技術者として必要な技術がどれだけ教えられているか不安は大きい。大学の林学科（森林科学科）は座学が中心で、現場での実習はほとんどないに等しい。これをどうしていけばよいのかは、大変大きな課題で、とてもここで論じることはできないが、現場から乖離した座学への偏りは何としても変えなければならない。その座学も専門分野の基礎的な内容にシフトしがちで、それらを応用し現場にどう役立たせるかという、林学としてのアイデンティティを失ってはならない。森林の仕事につきたいという希望を持って入ってきた若者の要望を満たす教育でなければならない。林学のアイデンティティとは、森林生態系の多面的機能を解析し、それに対する社会の生産、環境、経済、文化へのニーズに応えるために、森林との付き合い方を探求し、それに必要な技術や制度などを提供していくものであると私は考えている。したがって、林学は現場重視の応用学の性格の強いものである。

残念なことに、この林学のアイデンティティが失われてきたために、林学科という学科が消失したり、教育機関としてミッションがぼやけてしまっているところが多い。森林の国日本において、それはあまりにも大きい損失である。日本の最大の自然資源である森林を活かしていけるか否かは、林業技術者を育てられるか、林業技術者が誇りを持って働けるかにかかっているといってよい。

日本の森林・林業、林学の教材は、日本の森林・林業の歴史を省み、良い研究成果を活かし、本書の第2部の7、8章で紹介したような林業家、林業事業体などの実践内容や外国の良い事例を参考にした、より創造的なものであることを強く望みたい。

4　日本の森林と社会への決意

我々が真に後世に残すべきもの、残せるものは何だろうか。それは、それぞれの地域の本来の自然をできるだけ活用しながら、そのポテンシャルを次世代以降に残していく我々の生き様では

図表32　山形県金山町の景観
明治10年にイギリスの女性イザベラ・バードが東北を旅し、この辺りからの景観を絶賛した描写が旅行記の中に見られる。今も豊かな森林、田園、街並みの景観を呈している。

なかろうか。自然のほとんどが森林である我が国においては、その森林生態系の多面的サービスを持続的に享受できるように森林と付き合っていくことが大事であり、それは構造の豊かな美しい森林を目指していくことである。繰り返し述べてきたように、構造の豊かな森林は、生物多様性の保全、土壌の保全、木材の供給、気象緩和、保健文化などの森林生態系のサービスをバランス良く発揮してくれる。すなわち、構造の豊かな森林は、環境、経済、文化などのあらゆる面において国土と社会の基盤的なバックグラウンドとして不可欠なものである。人々の知恵によって維持される豊かな構造の森林は、美しい田園、美しい街並みを生み

図表33　神社の境内林（京都市、下鴨神社）
神社、仏閣の境内林は、周辺の住民にとって大事な憩いの場を提供している。特に都市では境内林は森林に特有の環境を提供している。

出す根源である。
世界の４大文明といわれる地帯が滅亡していった原因の共通項は、繰り返された森林破壊による不毛地化にある。それに対して森林と共存してきた日本の縄文文化は１万年以上続き、その後に入ってきた稲作文化と見事に融合して、現在に至るまで優れた文化と文明の土台となってきた。日本人の祖先である縄文人は、森林・草地での狩猟・採集と川や海での漁労の生活をしながら自然崇拝の文化を築いてきた。またすでに森林の中でクリの植栽をしていたともいわれている。紀元前3世紀頃に稲作技術を携えて侵入してきた先進的な弥生人が、縄文人を駆逐しなかったのは、日本の圧倒的な森林の力に対応するために、縄文人の力と文化を必要としたからだと考えられている。水稲栽培に必要な安定的な水の供給には、縄文人の森林活用の知恵が必要だったのだ。6世紀に仏教が伝来し、それが縄文文化に由来する神道と共存できたのは、仏教が日本の森林と同じ性質を持つアジアの照葉樹林帯を経て日本に伝わってきたからだろうといわれている。すなわち神道も仏教も森の文化であり、それが日本の文化の深層なのだ。

経済が発展してきた室町時代から商業的なスギなどの人工林の育成が始まり、江戸時代からそれが盛んになり現在に至っている。そのスタイルは農業模倣的で、同一の種を植えて、単純一斉林を育てて、途中で間伐収穫しながら最後は主伐で一斉に収穫するというものである。それは弥生人の農耕文化の色合いの強いものであるが、長年の実績から優れた施業法として評価され、今後も森林施業の一翼を担うだろう。しかし1960年代後半以降の生態学的な様々な科学的知見に基づいて考えると、生産と環境の調和した真に持続的な森林管理には、弥生的な森林との付き合い方に、縄文的な森林との付き合い方も付加した管理・施業法のあり方も加える必要があるように思われる。吉野の多間伐の200年にも及ぶ長伐期施業は、長く森林生態系を維持しながら持続的に材を生産していくことにおいて、日本の誇るべき施業体系だといえる。その良さを活かしながら、さらに未来に向けて自然度の高さを加味した、例えば針広混交複相林のような生産と環境のより調和した施業体系をも目指していくことは、人類史的に見て素晴らしいことではないだろうか。

18世紀にイギリスで産業革命が起き、それ以降大量の化石エネルギーを使った大量生産の資本主義が世界を席巻し、幕末以来日本もその流れの中に取り込まれてきた。その中で日本は特に第二次大戦後に工業力を発揮して、世界有数の経済的、物質的に豊かな国になってきた。この豊かな時代を送れたことに我々は感謝しなければならないだろう。しかし世界の先進国のすべては、近年この経済至上主義の社会に行き詰まりを来して苦労しており、日本も同じ状態に置かれている。グローバルな資本主義の中で起きている大きな問題は、所得格差の広がりであり、孤独な人の増加であり、それが多くの国では民族間の紛争にまで連なっていることである。

繰り返し述べてきたように、明治維新以来、先進国に追いつくために、工業的技術や都市的文明に偏り、自然を相手とする農林業を軽視してきたことは否めない。これは工業的技術や都市的文明を否定するのではなく、バランスが必要だということである。このバランスのとれていない社会は危険である。この点において欧米諸国は日本よりもはるかに優れており、それらの国の農山村はしっかりとしたアイデンティティを維持していることが景観的にもうかがえる。例えば日本と同じ工業国であるドイツは林業国でもあり、その農山村の景観は非常に美しい。

グローバルな資本主義の中で、自然制約を強く受ける林業が、都市的、工業的な経済原理に伍して経済的に自立するために、どのような施業技術の改善と木材市場の改革を行ったのか。そのような先進事例を日本に採り入れるだけでも、がらりと日本の林業を取り巻く経済的条件は変わってくるであろう。それは、それぞれの地域の自然を活かした循環型社会の構築に連なり、地球環境問題をはじめとする持続可能な社会の構築に不可欠なことである。このことは木の文化を再構築することでもある。日本の文化は木の文化であることを忘れてはならない。日本列島に暮らす人々は元々森の民なのだからそれができないはずはない。我々日本人は、森林生態系のサービスを持続的に発揮させていくことに英知を注ぎ、そういう生き様を世界に誇りを持って示せるようになりたいものである。

おわりに

日本の陸上の最大の自然資源である森林は、それとうまく付き合っていけば、人間の歴史の時間尺度の上では、永遠にその豊かな生態系のサービスを与え続けてくれるはずのものである。我々日本人が森林とどうつまく付き合っていくかは、日本という国をどのような国にしていくかを考える時には、必ず踏まえなければならない大事なことである。逆にいうと、日本という国のあるべき姿のビジョンが描けないでいるのは、日本の自然資源とどのようにうまく付き合っていくかの重厚な考えが国民に醸成されないからだともいえる。

日本は工業的なものづくりにおいて、日本人の優れた英知を働かせ、いかんなくその成果を上げてきた。だがその力を自然相手に働かせてきたとはいえない。21世紀になり高齢化と人口減少により日本の工業的なものづくりが空洞化する中で、日本列島の豊かな自然と向きあう時がきている。

森林の時間は長い。その長い時間の座標軸の上で、持続可能な森林管理のあるべきビジョンをしっかりと描いていくことこそ、持続可能で健全な社会のビジョンを描いていくためのベースとして、また持続可能な社会のバックアップ装置として不可欠なものになるはずである。日本は大地に根差した森林の文化、木の文化のにじみ出る国に向かっていってほしい。日本の森林の前で、我々はどういうビジョンを持って森林と付き合っているかを世界に向けて誇りを持って語れるようになりたい。本書がそのことの一助になればと願うものである。

主な参考文献

相川高信『先進国型林業の法則を探る―日本林業成長へのマネジメント』全国林業改良普及協会、二〇一〇年
赤堀楠雄「『品質の安定』供給を進めよう」森林技術八八四号、二〇一五年
泉英二「『森林・林業再生プラン』に基づく林政の再検討」山林一五三九〜一五四二号、二〇一二年
泉英二「日本の林政について：豊かな農山村と森林・林業」国民と森林一二五号、二〇一三年
内田健一『森づくりの明暗―スウェーデン・オーストリアと日本』川辺書林、二〇〇六年
内田健一「日本の森林技術者の育成をどうするか」国民と森林九八、九九号、二〇〇六、二〇〇七年
内山節『共同体の基礎理論―自然と人間の基層から』農文協、二〇一〇年
大住克博他五名「秋田地方で記録された高齢なスギ人工林の成長経過」日本林学会誌八二第二号、二〇〇〇年
大西隆「2050年のビジョンとこれからの都市・農村」(『自然資源経済論入門3　農林水産業の未来をひらく』、寺西俊一・石田信隆編著)中央経済社、二〇一三年
大橋慶三郎『道づくりのすべて』全国林業改良普及協会、二〇〇一年
岡田知弘「農林水産業を軸とした地域経済の発展戦略」(『自然資源経済論入門3　農林水産業の未来をひらく』、寺西俊一・石田信隆編著)中央経済社、二〇一三年
笠松浩樹「中山間地域の現状と将来展望」(『自然資源経済論入門1　農林水産業を見つめなおす』、寺西俊一・石田信隆編著)中央経済社、二〇一〇年
梶山恵司『日本林業はよみがえる―森林再生のビジネスモデルを描く』日本経済新聞出版社、二〇一一年
岸修司『ドイツ林業と日本の森林』築地書館、二〇一二年
熊崎実「林業再建の道(一〜一〇)」山林一五一一〜一五二〇、二〇一〇・二〇一一年
国民森林会議「森林資源の『若返り』について」国民と森林一三三号、二〇一五年
コンラッド・タットマン(熊崎実訳)『日本人はどのように森をつくってきたのか』築地書館、一九九八年
佐藤宣子・興梠克久・家中茂『林業新時代―「自伐」がひらく農林家の未来』農文協、二〇一四年
嶋瀬拓也「地域材による家造り運動の現状と今日的意義―産直住宅運動との対比において」林業経済五四巻一四号、二〇〇二年
嶋瀬拓也「製材業の産業組織と中小規模層の存立形態としての『大工出し』」『日本中小企業学会論集三二　日本産業の再構築と中小企

業』）同友館、二〇一三年
白井裕子『森林の崩壊―国土をめぐる負の連鎖』新潮社、二〇〇九年
千賀裕太郎「コモンズとしての地域資源管理」（『自然資源経済論入門1　農林水産業を見つめなおす』、寺西俊一・石田信隆編著）中央経済社、二〇一〇年
手束平三郎『森のきた道―明治から昭和へ・日本林政史のドラマ』日本林業技術協会、一九八七年
徳川宗敬『江戸時代における造林技術の史的研究』西ヶ原刊行会、一九四一年
中谷巌『資本主義はなぜ自壊したのか―「日本」再生への提言』集英社インターナショナル、二〇〇八年
農林水産奨励会『草創期における林学の成立と展開』農林水産奨励会、二〇一〇年
浜田久美子『スイス式「森のひと」の育て方―生態系を守るプロになる職業教育システム』亜紀書房、二〇一四年
半田良一「入会とコモンズへの補正」国民と森林九四号、二〇〇五年
半田良一「森林組合の方向づけと長伐期化の問題」林業経済六三巻四号、二〇一〇年
速水亨『日本林業を立て直す―速水林業の挑戦』日本経済新聞出版社、二〇一二年
Fujimori, T.『Ecological and Silvicultural Strategies for Sustainable Forest Management』Elsevier Science, 2001
藤森隆郎『森林と地球環境保全』丸善、二〇〇四年
藤森隆郎『森林生態学―持続可能な管理の基礎』全国林業改良普及協会、二〇〇六年
藤森隆郎『森づくりの心得―森林のしくみから施業・管理・ビジョンまで』全国林業改良普及協会、二〇一二年
藤森隆郎「戦後70年の森づくりから未来を考える（1～6）」山林一五六九～一五七四号、二〇一五年
藤森隆郎「ドイツの森林・林業から学ぶもの」森林科学七六号、二〇一六年
ヘルマント・J（山縣光晶訳）『森なしには生きられない―ヨーロッパ・自然美とエコロジーの文化史』築地書館、一九九九年
宮本憲一「都市と農村の対立と融合―維持可能な社会への再生は可能か」（『自然資源経済論入門3　農林水産業の未来をひらく』、寺西俊一・石田信隆編著）中央経済社、二〇一三年
藻谷浩介・NHK広島取材班『里山資本主義―日本経済は「安心の原理」で動く』角川書店、二〇一三年
湯浅勲『山も人もいきいき　日吉町森林組合の痛快経営術』全国林業改良普及協会、二〇〇七年
林野庁編『平成25年版　森林・林業白書』全国林業改良普及協会、二〇一三年
林野庁編『平成26年版　森林・林業白書』全国林業改良普及協会、二〇一四年

林野庁『森林・林業基本計画』林野庁、二〇一六年

Wagner S, Huth F, Mohren F, Herrmann I (2013)『Silvicultural Systems and multiple service forestry』In: Kraus D, Kurmm F (eds); Integrative approaches as an opportunity for the conservation of forest biodiversity. European Forest Institute, 2013

ワールドウォッチ研究所『地球白書２０１０—２０１１（持続可能な文化）』ワールドウォッチジャパン、二〇一〇年

著者紹介：

藤森隆郎（ふじもり　たかお）

1938年京都市生まれ。

1963年京都大学農学部林学科卒業後、農林省林業試験場（現在の森林総合研究所）入省。

森林の生態と造林に関する研究に従事。農学博士。

研究業績に対して農林水産大臣賞受賞。

1999年、森林環境部長を最後に森林総合研究所を退官。

社団法人日本森林技術協会技術指導役、青山学院大学非常勤講師を務めた。

国連傘下の持続可能な森林管理の基準・指標作成委員会（モントリオールプロセス）の日本代表、IPCCの執筆委員など国際活動を務め、IPCCのノーベル平和賞受賞に貢献したとして、IPCC議長から表彰された。

主な著書として、『森との共生―持続可能な社会のために』（丸善、2000年）、*Ecological and Silvicultural Strategies for Sustainable Forest Management*（Elsevier, Inc. Amsterdam 2001年）、『森林と地球環境保全』（丸善、2004年）、『森林生態学―持続可能な管理の基礎』（全国林業改良普及協会、2006年）、『森づくりの心得―森林のしくみから施業・管理・ビジョンまで』（全国林業改良普及協会、2012年）などがある。

林業がつくる日本の森林

2016年10月17日　初版発行
2023年 4 月19日　5刷発行

著者　藤森隆郎
発行者　土井二郎
発行所　築地書館株式会社
〒104-0045 東京都中央区築地7-4-4-201
TEL.03-3542-3731　FAX.03-3541-5799
http://www.tsukiji-shokan.co.jp/
振替 00110-5-19057
印刷製本　中央精版印刷株式会社

 ISBN978-4-8067-1526-9